Explosionsschutz in der Elektrotechnik für energie- und leittechnische Anlagen

VDE-Bezirksverein Frankfurt am Main
Seminar vom 21. Februar bis 14. März 1983
Herausgegeben von Dipl.-Ing. K. Fleck

VDE-VERLAG GmbH
Berlin · Offenbach

Redaktion: Dipl.-Ing. Roland Werner

CIP-Kurztitelaufnahme der Deutschen Bibliothek

**Explosionsschutz in der Elektrotechnik für
energie- und leittechnische Anlagen:** Seminar
vom 21. Februar – 14. März 1983 / VDE-Bezirksverein
Frankfurt am Main. Hrsg. von K. Fleck. –
Berlin; Offenbach: VDE-VERLAG, 1983.
  (Vortragsreihe der Arbeitsgemeinschaft des
  VDE-Bezirksvereins Frankfurt am Main)
  ISBN 3-8007-1306-3
NE: Fleck, Konrad [Hrsg.]; Verband Deutscher
Elektrotechniker / Bezirksverein ⟨Frankfurt, Main⟩

ISBN 3-8007-1306-3

© 1983   VDE-VERLAG GmbH, Berlin und Offenbach
       Bismarckstraße 33, D-1000 Berlin 12

Gesamtherstellung: Verlagsdruckerei VDE-VERLAG GmbH, Berlin   8303

Vorwort

Der Explosionsschutz in der Elektrotechnik, d. h. der Schutz von Personen, Sachwerten und der Umwelt vor den Gefahren durch Explosionen, spielt seit der Verwendung von elektrischen Geräten und Betriebsmitteln in explosionsgefährdeten Bereichen eine wichtige Rolle. Der Gesetzgeber hat deshalb eine »Verordnung über elektrische Anlagen in explosionsgefährdeten Räumen« mit einer zugehörigen Verwaltungsvorschrift erlassen. Darin werden u. a. die einschlägigen VDE-Bestimmungen zu anerkannten Regeln der Technik erklärt.

Alle diese Verordnungen, Bestimmungen und Richtlinien sind bei der Herstellung und der Verwendung elektrischer Geräte und Betriebsmittel sowie bei der Errichtung und beim Betrieb elektrischer Anlagen in explosionsgefährdeten Bereichen zu beachten. Sie wurden in den vergangenen Jahren wesentlich überarbeitet und ergänzt.

So ist die erwähnte Explosionsschutz-Verordnung des Gesetzgebers im Jahr 1980 neu erschienen. Die VDE-Bestimmung 0165 »Errichten elektrischer Anlagen in explosionsgefährdeten Bereichen« liegt jetzt in der neuen Fassung vom Juni 1980 vor. Im Zuge der Harmonisierung innerhalb der Europäischen Gemeinschaft wurde die VDE-Bestimmung 0170/0171 »Elektrische Betriebsmittel für explosionsgefährdete Bereiche« in der Fassung vom Februar 1961 den inzwischen erarbeiteten Europanormen angepaßt, und sie sind seit Mai 1978 gültig. Für den Betrieb von Starkstromanlagen in explosionsgefährdeten Bereichen ist VDE 0105 Teil 9 im Juli 1981 neu erschienen. Von der Berufsgenossenschaft der chemischen Industrie wurden im Januar 1976 die »Explosionsschutz-Richtlinie« und im April 1980 die »Richtlinie statische Elektrizität« herausgegeben.

Der VDE-Bezirksverein Frankfurt a. M., der bereits in den Jahren 1967 und 1974 das Thema »Explosionsschutz« behandelte, hat im Winterhalbjahr 1982/83 in einer Vortragsreihe »Explosionsschutz in der Elektrotechnik« diesen Stoff erneut aufgegriffen.

Diese Broschüre enthält den Inhalt der einzelnen Vorträge, die von fachkundigen Referenten gehalten wurden. Nach dem ersten Bericht über die Grundlagen des Explosionsschutzes folgt ein Beitrag über die Herstellung und Anwendung explosionsgeschützter Betriebsmittel. Der dritte Bericht behandelt Planung und Errichtung explosionsgeschützter elektrischer Anlagen. Im vierten Beitrag werden die Verordnungen, Richtlinien und VDE-Bestimmungen für den Betrieb, die Überwachung, die Wartung, die Instandsetzung und die Prüfung elektrischer Anlagen in explosionsgefährdeten Bereichen behandelt.

Diese Broschüre, die an die Teilnehmer der Veranstaltung ausgegeben wurde, gibt einen zusammenfassenden Überblick über die heute geltenden Sicherheitsvorschriften auf dem Gebiet des elektrischen Explosionsschutzes. Sie kann beim VDE-VERLAG GmbH, Bismarckstraße 33, 1000 Berlin 12 bezogen werden.

Der Herausgeber

Inhalt

Grundlagen des Explosionsschutzes

Ing. (grad.) *Manfred Simon*, BBC-AG, Eberbach

6

Explosionsschutz-Konzepte in der Elektrotechnik
Ing. (grad.) *Artur Eulert*, BBC-AG, Eberbach

Planung und Errrichtung explosionsgeschützter elektrischer Anlagen

Dipl.-Ing. *Hans-Georg Dahm*, Bayer AG, Leverkusen

Betrieb explosionsgeschützter elektrischer Anlagen

Dipl.-Ing. *Hans-Jürgen Lessig*, Hoechst AG, Werk Hoechst

9

Grundlagen des Explosionsschutzes

Ing. (grad.) *Manfred Simon*, BBC-AG, Eberbach

Einleitung

Ein belgischer Astronom behauptet, daß vor 10 Milliarden Jahren das Weltall durch eine *Explosion* entstanden ist. Durch diesen »Urknall« dehne sich noch heute das Universum mit unvorstellbarer Geschwindigkeit weiter aus. Auf diese »Explosion des kosmischen Ei's« wird also die Entstehung unserer Erde zurückgeführt. Stimmt diese Theorie, so ist durch eine Explosion auch schon einmal etwas Positives entstanden. Da nur die Urexplosion diesem Anspruch gerecht wird, beschäftigen sich Wissenschaftler und Techniker seit der Jahrhundertwende mit der Erforschung der Grundlagen des *Explosionsschutzes*.
Einen entscheidenden und für die Entwicklung richtunggebenden Schritt machte in den Jahren 1903 – 1905 Bergassessor Dr.-Ing. e. h. C. Beyling. Seine grundsätzlichen Untersuchungen über die Zündung von Schlagwettern und den Bau schlagwettergeschützter Maschinen und Geräte sind die Grundlage der deutschen und vieler ausländischer Konstruktionsvorschriften geworden.

1 Explosion

Unter *Explosion* verstehen wir eine exotherme chemische Reaktion – herkömmlich *Verbrennung* genannt – von Gas, Dämpfen, Nebel oder Staub mit Sauerstoff. Hierbei wird Wärme frei, und dies führt zu einem Druckanstieg. Der sich bei der Explosion einstellende Druck läßt sich für den Normalfall berechnen, und der tatsächlich auftretende Druck ist nur durch Messung exakt zu ermitteln.

1.1 Errechneter Höchstdruck

Der Druck p einer Explosion ändert sich mit der absoluten Temperatur proportional, und somit ist:

$$p : p_a = T : T_a.$$

Unter Berücksichtigung aller Mole m vor und nach der Verbrennung gilt:

$$p = p_a \cdot \frac{\Sigma\ (m)\ T}{\Sigma\ (m_a)\ T_a}.$$

p_a Anfangsdruck,
T_a Anfangstemperatur.

Tabelle 1 Errechneter Explosions-Überdruck

Gasart	Chemische Formel	Gasgehalt in Luft	Verbrennungs-wärme des Gemisches	Explosions-Temperatur	Berechneter Explosions-Überdruck
		in Vol. %	in kcal/kmol	in °C	in bar
Methan	CH_4	9,5	18 200	2 610	9,25
Äthan	C_2H_6	5,64	19 300	2 680	9,68
Pentan	C_3H_{12}	2,56	19 100	2 740	10,13
Hexan	C_6H_{14}	2,17	19 900	2 630	9,7
Heptan	C_7H_{16}	1,87	19 900	2 730	10,12
Cyclohexan	C_6H_{12}	2,28	19 900	2 660	9,78
Äthylen	C_2H_4	6,53	20 700	2 980	10,44
Acetylen	C_2H_2	7,75	23 400	3 370	11,32
Benzol	C_6H_6	2,72	20 600	2 880	10,23

In **Tabelle 1** ist für einige Gase der berechnete Explosionsüberdruck angegeben. Diese Werte werden in der Praxis jedoch nie erreicht, weil Wärmeverluste, geometrische Form des Raumes und Lage des Zündortes den errechneten Wert reduzieren.

1.2 Gemessener Höchstdruck

Bei der Ermittlung des maximalen Explosionsdrucks eines Gas- oder Dampf-Luft-Gemisches als Funktion des Mischungsverhältnisses stellte man fest, daß es eine untere Grenze gibt, wo auch durch mindestens 30 Zündversuche gerade noch keine Zündung eintritt. Steigert man dann an dieser unteren Grenze das Mischungsverhältnis nur um den Bruchteil eines Volumenprozentes, so erhält man bereits eine Explosion mit einem Explosionsdruck von 5 bar bei dem gewählten Beispiel eines Benzol-Luft-Gemisches. Den weiteren Verlauf des Explosionsdrucks zeigt **Bild 1**. Hierbei ist noch von Bedeutung, daß das zündempfindlichste Gemisch in der Regel auch mit dem Gemisch identisch ist, das den höchsten Explosionsdruck liefert. Vergleicht man den errechneten und gemessenen Wert, so stellt man fest, daß der wahre Explosionsdruck in der Regel nur 65 % des theoretisch möglichen Höchstwertes beträgt.

1.3 Zündbereiche, Zündgrenzen

Der Zündbereich eines Gemisches liegt zwischen dem unteren und oberen Explosionspunkt – auch Zündgrenze genannt. Unterhalb der *unteren Zündgrenze* liegt eine Gemischkonzentration vor, die man als zu *mager* bezeichnet. Der Sauerstoffüberschuß schließt eine Explosion aus. Oberhalb der *oberen Zündgrenze* spricht man vom *fetten* Bereich, wo ein Gemisch zwar brennt, aber nicht explodiert. Es ist verständlich, daß ein brennbarer Stoff mit einem großen Zündbereich gefährlicher ist als ein solcher mit kleinem Zündbereich.

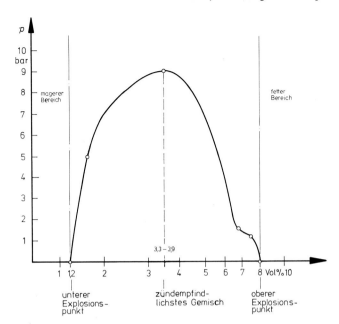

Bild 1. Maximaler Explosionsdruck als Funktion des Mischungsverhältnisses von Benzol und Luft

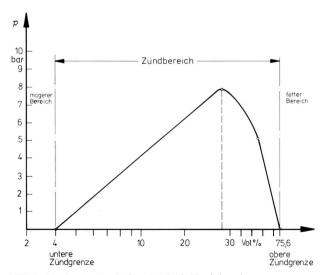

Bild 2. Maximaler Explosionsdruck als Funktion des Mischungsverhältnisses von Wasserstoff und Luft

Im **Bild 2** ist noch einmal der maximale Explosionsdruck als Funktion des Mischungsverhältnisses, und zwar diesmal von Wasserstoff und Luft, aufgezeichnet. Während bei Benzol der Zündbereich zwischen 1,2 bis 8 % Volumenanteilen liegt – und somit sehr schmal ist –, liegt der Zündbereich für Wasserstoff zwischen 4 bis 75,6 %, und ist damit ausgesprochen breit.

Tabelle 2 Zündgrenzen von Gasen und Dämpfen in Luft (Auszug aus dem Handbuch der Raum-Explosion)

Lfd. Nr.	Brennbarer Stoff	Summen-Formel	Zündgrenzen in Vol. %		Zündgrenzen in g/m³	
			untere	obere	untere	obere
1	Wasserstoff	H_2	4,0	75,6	3	64
3	Ammoniak	NH_3	15,0	28,0	105	200
10	Methan	CH_4	5,0	15,0	33	100
16	Methylnitrit*	CH_3O_2N	5,3	100	133	2520
17	Äthan	C_2H_6	3,0	15,5	37	195
33	Acetylen	C_2H_2	1,5	80,0	16	880
38	Propan	C_3H_8	2,1	9,5	39	180
76	Vinylacetylen*	C_4H_4	2,0	100	43	2160
97	Benzol	C_6H_6	1,2	8,0	39	270
103	n-Octan	C_8H_{18}	0,8	6,5	38	310

* Anmerkung: Stoffe neigen zum Zerfall (auch ohne Luft explosionsfähig)

In **Tabelle 2** ist der Zündbereich einiger wichtiger Stoffe als obere und untere Zündgrenze bei 20 °C und einem Druck von 1 bar in Vol-% und g/m³ angegeben.

1.4 Zeitlicher Druckverlauf einer Explosion

Von Interesse ist noch der zeitliche Druckverlauf bei einer Explosion. **Bild 3** zeigt zeitliche Druckverläufe, und zwar jeweils für ein Metallgehäuse und für ein Kunststoffgehäuse von 1 l Rauminhalt. Dem fast parallel steilen Druckanstieg innerhalb von 5 ms auf den maximalen Explosionsdruck folgt ein flacher Druckabbau über 70 ms, wobei durch eine geringere Wärmeleitung das Kunststoff-Gehäuse einen weniger flachen Druckabbau aufweist.
Im zweiten Bericht von Eulert wird in dieser Broschüre auf den Einsatz von Kunststoff für die druckfeste Kapselung näher eingegangen.

1.5 Verbrennungsgeschwindigkeit – Zünderscheinung

Erfolgt die Verbrennung eines Gas- oder Dampf-Luft-Gemisches mit Geschwindigkeiten in der Größenordnung Zentimeter pro Sekunde, sprechen wir von einer *Verpuffung*, bei Geschwindigkeiten im Bereich Meter pro Sekunde von einer *Explosion* und bei Geschwindigkeiten der Größenordnung Kilometer pro Sekunde von einer *Detonation*. Sind nur kleine Dampf- oder Gasmengen vorhanden oder ist das Ge-

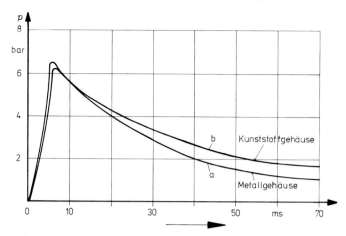

Bild 3. Zeitlicher Druckverlauf einer Explosion in einem Metall- und einem Kunststoffgehäuse

misch nicht hinreichend gut vorgemischt, so entsteht bei einer Zündung im wesentlichen nur eine Verpuffung. Wird jedoch ein explosionsfähiges Gemisch in einer längeren Rohrleitung entzündet, so kann sich die Flammenausbreitung so stark beschleunigen, daß aus einer Explosion eine Detonation wird. Bei einer Detonation entsteht ein Druck von über 20 bar.

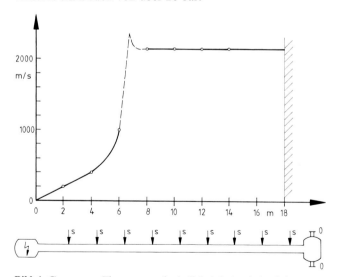

Bild 4. Gemessene Flammengeschwindigkeit beim Anlauf einer Detonation von Propan-Luft-Gemisch (Volumengehalt 4,2 % Propan) in einer Rohrleitung DN 80

Im **Bild 4** wird eine Rohrleitung DN 80 mit 18 m Länge dargestellt. Mittels Sonden wird alle 2 Meter der Druckanstieg gemessen. Bereits nach 6 m betrug die Verbrennungsgeschwindigkeit 1 km/s, und nach 8 m hatte sich die Endgeschwindigkeit auf 2,1 km/s eingependelt.

1.6 Zünddurchschlagverhalten, Explosionsgruppen

Wenn bei einer eingeleiteten Explosion die Temperatur in der Flamme stark abgekühlt wird, kann eine Verbrennung gestoppt werden. Dies kann dadurch erreicht werden, daß die Flamme durch enge Rohre oder Spalte getrieben wird. Dann wird die Wärmeableitung des Systems größer als die durch die exothermische chemische Reaktion entstehende Wärme.

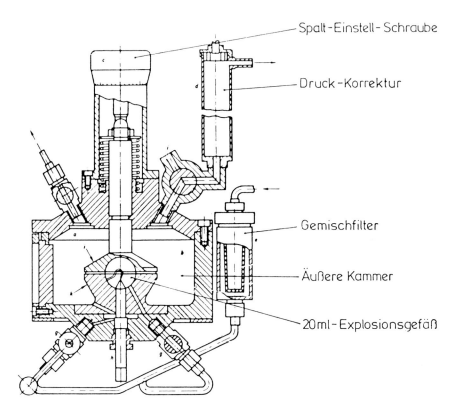

Bild 5. Prüfgerät für die Bestimmung des Zünddurchschlagvermögens von Gas-Luft-Gemisch

Für das jeweils zündempfindlichste Gemisch – also das Gemisch, bei dem bei einer Explosion der höchste Explosionsdruck entsteht – wurde mit dem genormten Prüfgerät nach **Bild 5** folgendes ermittelt:
– größter Spalt g_0 für 0 % Zündwahrscheinlichkeit,
– kleinster Spalt g_{100} für 100 % Zündwahrscheinlichkeit.

Die so experimentell ermittelten Grenzspaltweiten $g_{100} - g_0$ werden Normspaltweiten – kurz MESG (Maximum Experimental Safe Gap) – genannt und dienen einerseits zur Einteilung der Stoffe in Gruppen – den Explosionsgruppen A, B und C nach der Europanorm EN 50 014 – und andererseits zur Festlegung der Spaltweiten und Spaltlängen für die druckfeste Kapselung nach EN 50 018 [1].

Tabelle 3 Experimentell ermittelte Grenzspaltweite (MESG) verschiedener brennbarer Stoffe

Stoff	Zündwilligstes Gemisch in Vol. %	MESG in mm	Differenz $g_{100} - g_0$ in mm
Methan	8,2	1,14	0,11
Propan	4,2	0,92	0,03
Hexan	2,5	0,93	0,02
Cyclohexanon	3,0	0,95	0,03
Methanol	11,0	0,92	0,03
Äthylen	6,5	0,65	0,02
Acetylen	8,5	0,37	0,01
Wasserstoff	28	0,29	0,01

Die **Tabelle 3** enthält für einige Stoffe das zündwilligste Gemisch und den experimentell ermittelten Grenzspalt MESG. Außerdem ist angegeben die Differenz $g_{100} - g_0$, also die Änderung der Spaltweite, die genügt, um vom sicheren zum unsicheren Spalt zu kommen. Danach entscheidet z. B. bei Wasserstoff ein hundertstel Millimeter über Zündsperre oder Zünddurchschlag.

1.7 Gefährliche, explosionsfähige Atmosphäre

Wir sprechen von einer explosionsfähigen Atmosphäre, wenn ein brennbarer Stoff in der Gasphase vorliegt und sich mit Luft unter atmosphärischen Bedingungen vereint. Als atmosphärische Bedingungen gelten hier Gesamtdrücke von 0,8 bis 1,1 bar und Gemischtemperaturen von –20 bis +60 °C. Besteht bei der Entzündung eines solchen Gemisches direkt oder indirekt eine Gefahr für Menschen, dann liegt eine gefährliche explosionsfähige Atmosphäre vor.

Welche Menge einer explosionsfähigen Atmosphäre gefahrdrohend sein kann, hängt von der Größe des Raumes ab. Für die Beurteilung gilt die Faustregel:

$$V_{\text{gefährlich}} = \frac{V_{\text{Raum}}}{10^4}.$$

Mehr als 10 Liter explosionsfähige Atmosphäre in geschlossenen Räumen sind immer als gefährliche explosionsfähige Atmosphäre zu bezeichnen.
Eine explosionsfähige Atmosphäre kann aber auch dann entstehen, wenn der brennbare Stoff als Flüssigkeit vorliegt und durch Verdunstung in einen gasförmigen Zustand gebracht wird.
Um eine Vorstellung über die Gefahr der Verdunstung zu geben, sei bemerkt, daß Aceton bei 25 °C/(m² · min) bereits 77 g Acetondampf entwickelt und sich davon 2 m³ explosionsfähige Atmosphäre bilden kann.
Wenn sich ein solches Dampf-Luft-Gemisch an der eigenen Flüssigkeitstemperatur entzündet, hat die Flüssigkeit den Flammpunkt erreicht oder überschritten.
Die Verdunstung als Vergleichszahl zu Ethyläther und den Flammpunkt von einigen Flüssigkeiten enthält **Tabelle 4**.

Tabelle 4 Verdunstungszahlen und Flammenpunkte verschiedener Stoffe

Stoff	Verdunstungs-zahlen	Flammpunkte in °C
Äthyläther	1	− 40
Schwefelkohlen-stoff	1,8	− 30
Aceton	2,1	− 19
Benzol	3	− 11
Toluol	6,1	6
Dioxan	7,3	11
Äthylalkohol	8,3	12
Essigsäure	11,8	40

2 Zündquellen

Wenn das Auftreten gefährlicher explosionsfähiger Atmosphäre nicht auszuschließen ist, müssen Zündschutzmaßnahmen angewendet werden, um Zündquellen unwirksam zu machen. Die chemisch-physikalischen Vorgänge bei den verschiedenen Zündquellen werden nachstehend beschrieben:

2.1 Zündung durch Zündfunken oder glühende Teilchen

Die Zündung einer gefährlichen explosionsfähigen Atmosphäre durch einen *Zündfunken* oder durch ein *glühendes Teilchen* erfolgt dann, wenn die Energie der Zündquelle ausreicht, das Gemisch in seiner unmittelbaren Umgebung zu entflammen, und wenn dann für die weitere Erwärmung die freiwerdende Reaktionswärme sorgt. Für die Einleitung einer solchen Kettenreaktion ist eine Mindestzündenergie notwendig; diese ist wiederum abhängig vom Mischungsverhältnis des jeweiligen Gemisches.

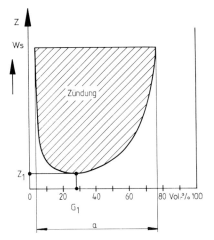

Bild 6. Mindestzündenergie für Wasserstoff in Abhängigkeit des Mischungsverhältnisses

Z   Zündenergie
Z_1 = 0,019 m Ws
G_1 = Gemisch mit kleinster Zündenergie bei 28 Vol-%
a   Zündbereich

Bild 6 zeigt die Mindestzündenergie für Wasserstoff in Abhängigkeit des Mischungsverhältnisses.

Für die Zündschutzart »Eigensicherheit« ist von Bedeutung, daß die Mindestzündenergie eines ohmschen, induktiven oder kapazitiven Stromkreises unterschiedlich groß ist. Für die Zündquelle »elektrischer Zündfunke« hat folgende Definition Gültigkeit:

»Die *Mindestzündenergie* eines Gas- oder Dampf-Luft-Gemisches ist die kleinstmögliche, bei der Entladung eines Kondensators auftretende elektrische Energie, die das zündwilligste Gemisch eines Gases oder Dampfes mit Luft bei einem Druck von 1 bar und einer Temperatur von 20 °C gerade noch zu zünden vermag.«

Sinngemäß gilt das gleiche für Staub-Luft-Gemische.

In **Tabelle 5** ist die Mindestzündenergie verschiedener Stoffe aufgeführt. Im unteren Teil der Tabelle sind Werte für Staub-Luft-Gemische angegeben, und es ist bemerkenswert, daß diese weit über den Mindestzündenergien von Gas- und Dampf-Luft-Gemischen liegen.

2.1.1 Zündung durch Partikel

Anfang der 50er Jahre wurde von einem Steiger das Austreten unzähliger glühender Teilchen an einem druckfesten Gehäuse beobachtet. Nach einer sofort eingeleiteten Untersuchung wurde festgestellt, daß es sich hierbei um glühende Kupferteilchen

Tabelle 5 Mindestzündenergie von Gas-, Dampf- und Staub-Luft-Gemischen

Stoff	Mindestzündenergie in mWs
Methan	0,28
Methanol	0,22
Benzol	0,20
Äthyläther	0,19
Schwefelwasserstoff	0,068
Acetylen	0,019
Schwefelkohlenstoff	0,009
Kakao	100
Kohle	40
Nylon	20
Thorium	5

handelte, die bei extremen Abschaltungen frei wurden. Es wurde festgestellt, daß diese Partikelchen zu Zündquellen werden können und somit eine zusätzliche Schutzmaßnahme, der sogenannte *Partikelschutz* – dies sind Stützschulter an Wellen oder Umleitung an flachen bzw. zylindrischen Spalten – eingeführt werden mußte.

2.2   Zündung durch Flamme

Bei der Zündung eines Gemisches durch eine Flamme wird die Zündung durch die Energie einer fremden Energiequelle von hoher Temperatur bewirkt. Wir sprechen daher von *Fremdzündung*. Hierbei breitet sich die Flamme vom Zündort mit hoher Geschwindigkeit radial aus. Auch die Zündflamme muß einen bestimmten Energieinhalt haben, denn sonst wird die Temperatur durch Wärmeableitung an die explosionsfähige Atmosphäre unter die Verbrennungstemperatur absinken und somit die Flamme erlöschen.

2.3   Zündung durch heiße Oberfläche

Bei der Zündung durch eine heiße Oberfläche ist die zur Verfügung stehende Energie meist sehr groß, die Temperatur aber niedriger als beim Zündfunken oder bei der Zündflamme. Den chemisch-physikalischen Vorgang der *Wärmezündung* nennt man auch *Selbstzündung*, die wie folgt erklärbar ist:
Wird ein explosionsfähiges Gemisch durch eine äußere Wärmequelle erhitzt, dann wird durch die Reaktion eine bestimmte Wärmemenge freigesetzt, die wieder zu einer Temperaturerhöhung führt. Andererseits wird über die Behälterwand Wärme an die kühlere Umgebungstemperatur abgegeben. Ist die Wärmeabgabe größer als die erzeugte Wärmemenge, wird die Gemischtemperatur sinken. Ist aber die Wärmeentwicklung größer, wird es zu einer Kettenreaktion kommen und damit zur Explosion.

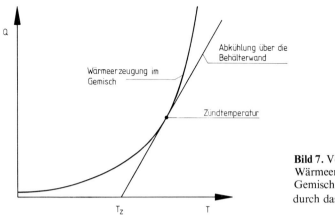

Bild 7. Verlauf von Wärmeerzeugung im Gemisch und Wärmeabgabe durch das Gehäuse

Im **Bild 7** ist der Vorgang grafisch aufgezeichnet. Die Wärmeerzeugung ist durch die e-Funktion dargestellt, die Abkühlung über die Behälterwandung durch eine Gerade. Der Schnittpunkt der Geraden als Tangente zur e-Funktion ergibt die Zündtemperatur.

2.3.1 Zündtemperaturen

Unter dem Begriff *Zündtemperatur* ist diejenige Temperatur zu verstehen, bei der durch Anwendung einer bestimmten Prüfmethode ein Gemisch entzündet wird. Die Definition nach DIN 51 794 [2] lautet deshalb:

»Die Zündtemperatur eines brennbaren Stoffes ist die nach der festgelegten Arbeitsweise ermittelte, niedrigste Temperatur, bei der im Prüfgerät eine Entzündung des brennbaren Stoffes im Gemisch mit Luft festgestellt wird.«

In den in **Bild 8** gezeigten »Erlenmeyer-Kolben« werden geringe Probemengen des zu untersuchenden brennbaren Stoffes eingebracht und unter Variieren von Temperatur und Probemenge die niedrigste Temperatur gesucht, bei der eine Entzündung einsetzt. Die auf diese Weise ermittelten Zündtemperaturen verschiedener Stoffe enthält **Tabelle 6.**

Tabelle 6 Zündtemperaturen verschiedener Stoffe

Stoff	Zündtemperatur in °C
Methan	595
Wasserstoff	560
Benzol	555
Äthylalkohol	425
Acetylen	305
Äthyläther	170
Schwefelkohlenstoff	95

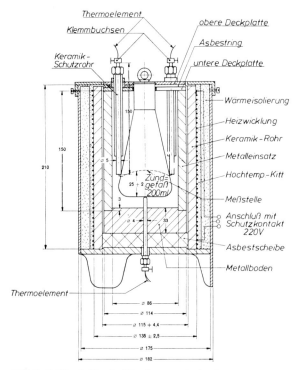

Bild 8. Prüfgerät für die Zündtemperaturbestimmung

2.3.2 Temperaturklassen

Die Zündtemperaturen sind die Grundlage für die Einteilung in Klassen – den Temperaturklassen T1 bis T6 nach der Europanorm EN 50 014 [1]. Einerseits handelt es sich um Klassen für die Zündtemperaturen der brennbaren Stoffe, andererseits um maximale Oberflächentemperaturen für explosionsgeschützte elektrische Betriebsmittel.

Auf den ersten Blick beinhaltet die **Tabelle 7** einen Widerspruch, denn wie kann die Zündtemperatur eines brennbaren Stoffes und die maximale Oberflächentemperatur eines Betriebsmittels den gleichen Wert haben? Besteht da nicht Explosionsgefahr?

Man geht davon aus, daß der mit der beschriebenen Prüfmethode gefundene Wert die niedrigste Zündtemperatur ist, deshalb wird bei dieser Temperatur in der Praxis noch keine Zündung auftreten. Auch bei Ermittlung der Oberflächentemperatur für das Betriebsmittel wird der maximale Wert ermittelt, der nur bei extremen Bedingungen auftritt. Daher ist es also möglich, die Zündtemperatur auch als Grenztemperatur zu verwenden.

Tabelle 7 Zünd- und höchstzulässige Oberflächen-Temperaturen der
Temperaturklassen

Zündtemperatur der brennbaren Stoffe in °C	Temperatur-klasse	Höchstzulässige Oberflächen-temperatur in °C
> 450	T 1	450
> 300	T 2	300
> 200	T 3	200
> 135	T 4	135
> 100	T 5	100
> 85	T 6	85

2.4 Zündung durch elektrostatische Aufladung

Durch den Einsatz von Kunststoffen in explosionsgefährdeten Bereichen besteht die Gefahr, daß es durch elektrostatische Aufladungen zu zündfähigen Entladungen kommen kann. Durch Kunststoffe mit einem Oberflächenwiderstand $\leq 10^9$ Ohm oder alternativ durch geeignete Ausbildung der Oberfläche sollen zündfähige Entladungen verhindert werden.

Unkritisch sind elektrostatische Aufladungen oberhalb einer relativen Luftfeuchtigkeit von 65 % – und somit mit Sicherheit auf Bohrinseln in der Nordsee.

Kritisch sind elektrostatische Aufladungen dagegen in trockenen, geschlossenen Räumen und besonders dann, wenn eine gefährliche, explosionsfähige Atmosphäre ständig vorhanden ist.

2.5 Zündung durch Verdichtung und Stoßwellen

Bisher wurde die Zündung explosionsfähiger Atmosphäre durch Erhitzen oder durch Fremdzündquellen behandelt. Weitere Gefahr einer Zündung besteht bei sehr schneller Verdichtung eines Gemisches, weil hierbei hohe Temperaturen auftreten. Im Prinzip ist die Zündung durch Stoßwellen sehr ähnlich der Zündung durch adiabatische Verdichtung.

In der Regel werden an elektrischen Betriebsmitteln keine Vorgänge ausgelöst, die einer adiabatischen Verdichtung gleichkommen. Dagegen können zu Bruch gehende Vakuumgefäße Stoßwellen verursachen, die zur Zündung führen. Diese Stoßwellen haben dann Geschwindigkeiten größer als die Schallgeschwindigkeit. Sogar durch zu Bruch gehende Leuchtstoffröhren bei explosionsfähiger Atmosphäre aus Wasserstoff oder Acetylen kann es zu einer Zündung kommen.

2.6 Zündung durch Licht

Auch die Zündung explosionsfähiger Atmosphäre durch Licht ist möglich, und zwar als foto-chemischer und foto-thermischer Vorgang. Im Fall des foto-chemischen

Vorgangs kann absorbiertes Licht als Energieträger unmittelbar auf Gasmoleküle einwirken und die schon beschriebene Kettenreaktion auslösen; beim foto-thermischen Vorgang dagegen kann die eigene Strahlungsenergie des Lichtes zur Zündquelle werden. In diesem Fall müssen aber Festkörper in Form von Staub im Gas-Luft-Gemisch vorhanden sein, oder es muß sich direkt um ein Staub-Luft-Gemisch handeln.

2.7 Zündung durch Ultraschall

Erzeugen Betriebsmittel Ultraschall, dann wird Energie abgegeben, die am beschallten Stoff zur Erwärmung führt. Im Extremfall kann es durch Überschreiten der Zündtemperatur zur Zündung kommen. Ist die Leistungsdichte im erzeugten Schallfeld kleiner als $0,1$ W/cm^2, dann kann in der Regel Zündung ausgeschlossen werden.

2.8 Zündung durch Strahlung

Leitfähige Teile wirken im Strahlungsfeld als Antenne und können bei entsprechender Feldstärke zur Zündquelle werden. Bei Hochfrequenz bieten Leistungen unter 1 W, bei radioaktiven Strahlungen und Röntgenstrahlungen bietet eine Ionendosis kleiner als 3 mA/kg genügenden Schutz.

2.9 Zündung durch chemische Reaktion
Durch chemische Umsetzung unter Wärmeentwicklung können sich Stoffe erhitzen und dadurch zur Zündquelle werden.

3   Explosion von Staub-Luft-Gemischen

Staub ist der Sammelbegriff für feste Stoffe in weitgehender Zerteilung, wobei die Einzelteilchen so klein sein können, daß sie trotz der Einwirkung der Schwerkraft schweben. Steht der zur exothermischen, chemischen Reaktion notwendige Sauerstoff in ausreichender Menge und in nächster Nähe der Teilchen zur Verfügung, wird eine Fremd- oder Wärmezündung zur Explosion führen. Hierbei pflanzt sich die Reaktion durch freiwerdende Wärme eines Staubteilchens auf die Umgebung und damit auf die benachbarten Staubteilchen fort. Die Wärmeübertragung erfolgt hierbei vor allem durch Strahlung, und eine hohe Reaktionsgeschwindigkeit ist die Folge.
Wie bei Gas- und Dampf-Luft-Gemischen gibt es auch für Staub untere und obere Zündgrenzen und somit auch einen Zündbereich. Die untere Zündgrenze liegt bei 20 bis 60 g/m^3, und die obere bei 2 kg/m^3. Um in der Praxis die Gefahr aus einem Staub-Luft-Gemisch einschätzen zu können, weiß man aus Erfahrung, daß, wenn eine 25-W-Glühlampe aus 2 m Entfernung nicht mehr zu sehen ist, eine Staub-Luft-Gemisch-Konzentration von 40 g/m^3 vorliegt.

Als Zündtemperatur eines Staub-Luft-Gemisches gilt die niedrigste Temperatur einer heißen Oberfläche, an die das gegen sie geblasene Gemisch noch zur Entzündung kommt. Die Werte liegen zwischen 235 °C für Schwefel- bis 750 °C für Steinkohlenkoks-Staub-Luftgemische.

3.1 Staubablagerungen

Staubablagerungen sind mit einem porösen Körper vergleichbar. Mit zunehmender Zerkleinerung der Teilchen steigt die Oberfläche bis zu einem Hohlraum-Anteil von 90 %. Durch die hohe Wärmedämmung lockerer Staubablagerungen und bei erhöhter Umgebungstemperatur kann es zur Selbstentzündung von Staubablagerungen kommen. Als *Selbstentzündungstemperatur* staubförmiger, brennbarer Stoffe wird die niedrigste Temperatur bezeichnet, bei deren allseitiger Einwirkung es nach vorausgegangener Selbsterhitzung zur Entzündung kommt.

Die *Selbstentzündung* führt zum *Glimmbrand*, und der Glimmbrand kann dann zur *Raumexplosion* des Staub-Luft-Gemisches führen. Als *Glimmtemperatur* von Staubablagerungen gilt die niedrigste Temperatur einer erhitzten, freiliegenden Fläche, bei der eine Staubschicht von 5mm Höhe zur Entglimmung kommt. Den Einfluß der Staubschicht auf die Glimmtemperatur zeigt **Bild 9**.

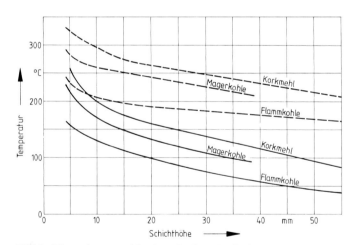

Bild 9. Glimmeinsatz und höchstzulässige Oberflächentemperatur in Abhängigkeit von der Schichthöhe
— — — — — — Glimmeinsatz
———————— Oberflächentemperatur

3.2 Schwelpunkt

Bei organischen Stoffen können Staubablagerungen schon dann Staubexplosionen auslösen, wenn durch Zersetzen oder Verdampfen sich Schwelgase bilden und mit

Luft eine explosionsfähige Atmosphäre ergeben. Der Vorgang ist vergleichbar mit der Verdunstung von Flüssigkeit in einen gasförmigen Zustand beim Flammpunkt. Die niedrigste Temperatur, bei der Schwelgase in solcher Menge entstehen, daß ein Schwelgas-Luft-Gemisch gezündet werden kann, nennt man *Schwelpunkt.* Zur Beurteilung der Gefährlichkeit eines brennbaren Staubes dienen somit die Selbstentzündungstemperatur, Zündtemperatur, Glimmtemperatur und bei organischen Stoffen noch der Schwelpunkt. In **Tabelle 8** sind diese Werte für einen Pflanzenstaub angegeben.

Tabelle 8 Sicherheitstechnische Temperaturkennzahlen

Lykopodium-Staub	Temperatur in °C
Selbstentzündungstemperatur	100
Schwelpunkt	190
Glimmtemperatur	280
Zündtemperatur	430

4   Primärer Explosionsschutz

Eine Explosion wird verhindert, wenn man das Entstehen einer explosionsfähigen Atmosphäre ausschließt oder durch Schutzmaßnahmen die Zündung einer explosionsfähigen Atmosphäre unmöglich macht:
»Die Vermeidung einer Gefahr ist immer besser als jeglicher Schutz.«
Deshalb sind Maßnahmen vorrangig, die eine explosionsfähige Atmosphäre verhindern oder einschränken. Sie werden »Primärer Explosionsschutz« genannt.

4.1   Vermeiden brennbarer Flüssigkeiten

An erster Stelle ist zu prüfen, ob brennbare Stoffe grundsätzlich vermieden werden können und durch solche ersetzbar sind, die keine explosionsfähigen Gemische zu bilden vermögen.
So lassen sich manchmal brennbare Lösungs- bzw. Reinigungsmittel durch wäßrige Lösungen oder brennbare, pulverförmige Füllstoffe durch unbrennbare Stoffe ersetzen. Da dies jedoch nur selten möglich ist, sind die weiteren Betrachtungen notwendig.

4.2   Heraufsetzen des Flammpunktes

Der Flammpunkt einer brennbaren Flüssigkeit muß um mindestens 5 K über der Verarbeitungstemperatur bzw. der Raumtemperatur liegen, um den primären Explosionsschutz erfolgreich anzuwenden. So ist z.B. bei wasserlöslichen, brennbaren Stoffen das Heraufsetzen des Flammpunktes durch Beimengen von Wasser möglich.

4.3 Konzentrationsbegrenzung

Durch Konzentrationsbegrenzung unterhalb der unteren Explosionsgrenze bzw. oberhalb der oberen kann die Bildung explosionsfähiger Atmosphäre verhindert werden.
Bei Gasen läßt sich das Ziel, die Konzentration außerhalb des Zündbereiches zu halten, häufig erreichen. Die Schwierigkeiten bestehen beim Durchfahren des Zündbereiches, wenn die Anlage angefahren bzw. abgestellt wird und durch Austreten des Gases. Bei Staub ist das Ziel, explosionsfähige Atmosphäre durch Begrenzung der Konzentration zu vermeiden, nur sehr schwer zu erreichen. Es ist nicht möglich, als Staubkonzentration die Gesamtmenge des Staubes auf den gesamten Raum zu beziehen und dabei eine gleichmäßige Verteilung anzunehmen.
Bei flüssigen Stoffen kommt im wesentlichen der zu magere Bereich zur Anwendung, weil das Aufrechterhalten von Sattdampfkonzentration im zu fetten Bereich meist einen sehr hohen apparativen Aufwand erfordert.

4.4 Inertisierung

Durch Zugabe von gasförmigen Inertstoffen, wie Stickstoff, Kohlendioxid, Wasserdampf und Halogen-Kohlen-Wasserstoff, kann die Bildung explosionsfähiger Atmosphäre verhindert werden.
Im allgemeinen kann man davon ausgehen, daß bei einem Volumengehalt von weniger als 10 % Sauerstoff kein explosionsfähiges Gemisch mehr vorliegt. (Ausnahme: Sauerstoffanteil = 5 %). Ist aber das Verhältnis des Volumenanteiles von Inertgas zu dem von Brennstoff mindestens 25:1, so kann auch bei Zutritt von beliebiger Luftmenge keine explosionsfähige Atmosphäre mehr entstehen. Somit würde auch außerhalb undichter Apparaturen keine explosionsfähige Atmosphäre mehr entstehen können.

4.5 Lüftung

Auch durch Lüftungsmaßnahmen kann man das Bilden gefährlicher, explosionsfähiger Atmosphäre verhindern oder zumindest einschränken.
In Räumen oberhalb der Erdgleiche und ohne besondere Be- und Entlüftungsöffnungen erneuert sich die Luft durch natürliche Belüftung einmal pro Stunde; in Kellerräumen dagegen nur zu 40 % der gesamten Luftmenge. Die Konzentration des Gemisches ist jedoch nur dann berechenbar, wenn die ausströmende Menge eines brennbaren Stoffes pro Zeiteinheit bekannt ist und eine gleichmäßige Durchmischung vorausgesetzt werden kann. Um die natürlichen Strömungsverhältnisse im Raum berücksichtigen zu können, ist der Rat eines Fachmannes für Lüftungsfragen einzuholen, der dann meist die technische Lüftung empfiehlt. Diese ermöglicht im Vergleich zur natürlichen Belüftung das Anwenden größerer Luftmengen und gezieltere Luftführung, wodurch die auftretende Konzentration mit wesentlich größe-

rer Sicherheit bestimmt werden kann. Die technische Lüftung muß aber ständig gewartet und auf Wirksamkeit geprüft werden.

4.6 Explosionsdruckfeste Bauweise

Als »Primärer Explosionsschutz« gilt auch die konstruktive Maßnahme – explosionsdruckfeste Bauweise –, welche die Explosion nicht verhindert, aber deren Auswirkung auf ein unbedenkliches Maß einschränkt. Die Apparatur muß so gebaut sein, daß diese dem maximalen Explosionsdruck und im Extremfall sogar dem Detonationsdruck standhält. Wie eingangs erwähnt, kann es bei Rohrkonstruktionen und auch bei langgestreckten Konstruktionen schnell zur Detonation kommen. Wenn dann die druckfeste Bauweise diesem erhöhten Druck nicht gewachsen ist, müssen wirksame Explosionsdruckentlastungen eingebaut werden.

5 Sekundärer Explosionsschutz und Zoneneinteilung

Trotz der zu bevorzugenden Anwendung des »Primären Explosionsschutzes« verbleiben aber immer noch genügend Bereiche, in denen eine gefährliche explosionsfähige Atmosphäre auftreten kann. Diese Bereiche bezeichnet man als *explosionsgefährdete Bereiche*. Hier müssen Zündschutz-Maßnahmen angewendet werden, um Zündquellen unwirksam zu machen.
In diesen explosionsgefährdeten Bereichen wird die gefährliche explosionsfähige Atmosphäre nur in den seltensten Fällen ständig vorhanden sein. Die Wahrscheinlichkeit für die Dauer des Vorhandenseins der gefährlichen explosionsfähigen Atmosphäre führte zu einer Unterteilung des explosionsgefährdeten Bereiches in Zonen. Diese *Zonenunterteilung* ist aus sicherheitstechnischen und wirtschaftlichen Gründen von Bedeutung. Die Anforderungen an explosionsgeschützte Betriebsmittel, die ständig von gefährlicher explosionsfähiger Atmosphäre umgeben sind, müssen viel höher sein als an solche, die nur selten und dann auch nur kurzfristig von gefährlicher explosionsfähiger Atmosphäre umgeben sind. Nach DIN 57 165/VDE 0165, Abschnitt 4 [3] handelt es sich um folgende Zonen:

5.1 Zone 1 und explosionsgeschützte elektrische Betriebsmittel für diesen Bereich

Zone 1 umfaßt Bereiche, in denen damit zu rechnen ist, daß gefährliche explosionsfähige Atmosphäre durch *Gase, Dämpfe* oder *Nebel gelegentlich* auftritt.
In Zone 1 werden also brennbare oder explosionsfähige Stoffe hergestellt, verarbeitet oder gelagert, so daß es wahrscheinlich ist, daß während des normalen Betriebes eine zündfähige Konzentration auftritt. Zündquellen, die bei normalem, störungsfreiem Betrieb auftreten und solche, die üblicherweise bei Betriebsstörungen auftreten, müssen explosionssicher ausgeführt sein. Betriebsmittel zur Verwendung in Zone 1 müssen in einer der folgenden Zündschutzarten explosionsgeschützt sein:

Zündschutzart	Norm	Kenn-zeichnung
Ölkapselung	EN 50 015	o
Überdruckkapselung	EN 50 016	p
Sandkapselung	EN 50 017	q
Druckfeste Kapselung	EN 50 018	d
Erhöhte Sicherheit	EN 50 019	e
Eigensicherheit	EN 50 020	i
Vergußkapselung	EN 50 028	m

In einer Übergangsphase bis 1. 5. 1988 sind auch noch die Zündschutzarten nach der VDE-Bestimmung VDE 0171/2.61 [4] gültig und damit auch die Sonderschutzart »s«.

5.2 Zone 0 und explosionsgeschützte elektrische Betriebsmittel für diesen Bereich

Zone 0 umfaßt Bereiche, in denen gefährliche, explosionsfähige Atmosphäre durch *Gase, Dämpfe* oder *Nebel ständig* oder *langzeitig* vorhanden ist.
Bei den Betriebsmitteln für Zone 0 müssen Zündquellen auch noch bei selten auftretenden Betriebsstörungen explosionsgeschützt sein. Der Grundsatz für diese Betriebsmittel lautet daher:
»Beim Versagen einer Zündschutzart oder bei gleichzeitigem Auftreten von zwei Fehlern muß noch ein ausreichender Explosionsschutz sichergestellt sein.«
Den Baubestimmungen für explosionsgeschützte, elektrische Betriebsmittel für Zone 0 – dies ist VDE 0171/Teil 12 – ist zu entnehmen, daß der erforderliche Explosionsschutz erzielt wird, wenn das Betriebsmittel:
– in der Kategorie »ia« nach EN 50 020 [1] ohne offene Kontakte gebaut ist oder
– mindestens in einer Zündschutzart nach EN 50 015 bis EN 50 020 ausgeführt ist und der Schutzumfang durch eine zweite unabhängige Schutzart erweitert wurde.
So wurden druckfeste Leuchten zusätzlich überdruckgekapselt oder eigensichere Betriebsmittel zusätzlich vergossen nach EN 50 028 [1]. Auf die Gefahr der Zündung durch elektrostatische Aufladung – insbesondere in Zone 0 – wurde bereits in Abschnitt 2.4 hingewiesen.

5.3 Zone 2 und explosionsgeschützte elektrische Betriebsmittel für diesen Bereich

Zone 2 umfaßt Bereiche, in denen damit zu rechnen ist, daß gefährliche, explosionsfähige Atmosphäre durch *Gase, Dämpfe* oder *Nebel nur selten* und dann auch *nur kurzzeitig* auftritt.
In Zone 2 werden also brennbare oder explosionsfähige Stoffe hergestellt oder gelagert; aber die Wahrscheinlichkeit, daß eine zündfähige Konzentration auftritt, ist äußerst selten und – wenn überhaupt – auch nur sehr kurze Zeit gegeben. Zündquellen, die bei normalem, störungsfreiem Betrieb auftreten, müssen explosionssicher ausgeführt sein.

Die nationale Errichtungsbestimmung VDE 0165 enthält folgende allgemeine Baubestimmungen über Betriebsmittel für Zone 2:

– Betriebsmittel, bei denen betriebsmäßig im Innern Funken, Lichtbögen oder unzulässige Temperaturen entstehen, müssen
  a) in IP-54-Gehäusen angeordnet werden, bei denen ein innerer Überdruck von 4 mbar mehr als 30 s benötigt, um auf 2 mbar abzusinken, oder
  b) in Gehäusen angeordnet werden, die auf vereinfachte Art überdruckgekapselt sind.
– Betriebsmittel, bei denen betriebsmäßig keine Funken usw. auftreten, müssen im Freien lediglich der Schutzart IP 54 und in geschlossenen Räumen der Schutzart IP 40 genügen.

5.4 Zone 10 und 11

Zone 10 umfaßt Bereiche, in denen gefährliche, explosionsfähige Atmosphäre durch brennbaren *Staub langzeitig* oder *häufig* vorhanden ist.
Zone 11 umfaßt dagegen Bereiche, in denen damit zu rechnen ist, daß *gelegentlich* durch Aufwirbeln abgelagerten Staubes gefährliche, explosionsfähige Atmosphäre *kurzzeitig* auftritt.
Betriebsmittel für Zone 10 müssen speziell für diesen Einsatz zugelassen sein. Entsprechende Baubestimmungen sind in Vorbereitung; doch schon heute stellt für diese Betriebsmittel die »Berggewerkschaftliche-Versuchs-Strecke« – kurz BVS genannt – in Dortmund-Derne nationale Bauartzulassungen aus.
Die größere Gefahr geht ohne Zweifel vom Bereich der Zone 11 aus, weil die Gefahren hier oft unterschätzt werden. Deswegen soll nochmals die auf Gefahrerhöhung durch Folgeereignisse – wie Glimmnestbildung, Schwelgasbildung, Schwelgasverpuffung, Aufwirbelung von Staub durch Glimmbrand mit der gleichzeitigen Eigenschaft des Glimmbrandes als Zündquelle – hingewiesen werden.
In Zone 11 dürfen Betriebsmittel ohne besondere Prüfbescheinigung verwendet werden. Die Anforderungen sowie Einzelbestimmungen sind in VDE 0165/Abschnitt 7 enthalten. Der Beitrag von Dahm in dieser Broschüre beinhaltet u. a. spezielle Hinweise zur Installation elektrischer Anlagen in Zone 11.

5.5 Zusammenfassung der Zoneneinteilung

In **Bild 10** sind die unter 5.1 bis 5.4 gemachten Ausführungen über die Zoneneinteilungen nochmals zusammengestellt.

Explosionsgefährdete Bereiche werden nach der Wahrscheinlichkeit des Auftretens gefährlicher explosibler Atmosphären in Zonen eingeteilt.

Für brennbare Gase, Dämpfe und Nebel:

Zone 0: umfaßt Bereiche, in denen gefährliche explosionsfähige Atmosphäre ständig oder langzeitig vorhanden ist.

Zone 1: umfaßt Bereiche, in denen damit zu rechnen ist, daß gefährliche explosionsfähige Atmosphäre gelegentlich auftritt.

Zone 2: umfaßt Bereiche, in denen damit zu rechnen ist, daß gefährliche explosionsfähige Atmosphäre nur selten und dann auch nur kurzzeitig auftritt.

Für brennbare Stäube:

Zone 10: umfaßt Bereiche, in denen gefährliche explosionsfähige Atmosphäre langzeitig oder häufig vorhanden ist.

Zone 11: umfaßt Bereiche, in denen damit zu rechnen ist, daß gelegentlich durch Aufwirbeln abgelagerten Staubes gefährliche explosionsfähige Atmosphäre kurzzeitig auftritt.

Begriffe

Explosionsfähige Atmosphäre ist ein aus Luft und brennbaren Gasen, Dämpfen, Nebel oder Stäuben bestehendes Gemisch unter atmosphärischen Bedingungen, in dem sich eine Verbrennung nach Zündung von der Zündquelle aus selbständig fortpflanzt (Explosion).
Als atmosphärische Bedingungen gelten hier Gesamtdrücke von 0,8 bar bis 1,1 bar und Gemischtemperaturen von −20 °C bis +60 °C.

Anmerkung:
Explosionsfähige Atmosphäre kann sich in der Regel nicht aus einer Flüssigkeit bilden, deren Temperatur mehr als 5 K unterhalb des Flammpunktes liegt. Beim Versprühen ist jedoch auch bei einer Temperatur unterhalb des Flammpunktes mit explosionsfähiger Atmosphäre (Nebel-Luft-Gemisch) zu rechnen. Explosionsfähige Atmosphäre kann sich außerdem durch Aufwirbeln von Staubablagerungen (Staub-Luft-Gemisch) bilden. Bei Explosionsgefahr außerhalb atmosphärischer Bedingungen können zusätzliche Maßnahmen erforderlich sein.

Flammpunkt ist die niedrigste Temperatur, bei der sich aus der zu prüfenden Flüssigkeit unter festgelegten Bedingungen Dämpfe in solcher Menge entwickeln, daß sie mit Luft über dem Flüssigkeitsspiegel ein entflammbares Gemisch ergeben.

Bild 10. Einteilung der explosionsgefährdeten Bereiche in Zonen nach DIN 57 165/VDE 0165/6.80

6 Explosionsschutz-Kennzeichnung nach alten und neuen VDE-Bestimmungen

In den bisherigen Ausführungen wurden die Begriffe Zoneneinteilung, Zündschutzarten, Explosionsgruppen, Temperaturklassen usw. gebraucht. Diese Begriffe und die entsprechenden Kurzzeichen sind teilweise neu oder haben sich gegenüber den alten VDE-Bestimmungen geändert. Dabei erfolgte im Wege der Harmonisierung innerhalb der Europäischen Gemeinschaft eine Anpassung an die inzwischen veröffentlichten Europa-Normen.
Im **Bild 11** sind die alten und neuen Bezeichnungen einander gegenübergestellt und die wesentlichen, heute geltenden VDE-Bestimmungen für den elektrischen Explosionsschutz angegeben. Es sind dies die VDE-Bestimmungen DIN 57 105 Teil 9/ VDE 0105 Teil 9/7.81 »Betrieb von Starkstromanlagen – Zusatzfestlegungen für explosionsgefährdete Bereiche« [11], DIN 57 165/VDE 0165/6.80 »Errichten elektrischer Anlagen in explosionsgefährdeten Bereichen« [3] und DIN EN 50 014/ VDE 0170/0171 Teil 1 und folgende Teile /5.78 sowie VDE 0170/0171 f/1.69 (bis 1. 5. 88 noch gültig) »Elektrische Betriebsmittel für explosionsgefährdete Bereiche« [1, 4].

7 Schlußbemerkung

Durch den Einsatz elektrischer Energie müssen wir mit Funken, Lichtbögen und Wärme – möglichen Zündquellen – leben. Aber auch nichtelektrische Betriebsmittel, der Einsatz von Kunststoff und Naturgewalten, beinhalten Zündquellen und damit Risiken für Menschen, für Sachwerte und die Umwelt.
Durch Kenntnisse über die physikalisch-chemischen Zusammenhänge einer Explosion, über die Zündquellen und die Maßnahmen zur Vermeidung des Auftretens explosionsfähiger Atmosphäre sowie das Unwirksammachen von Zündquellen können die Risiken erkannt und unschädlich gemacht werden. Dieses Ziel zu erreichen, dazu möge dieser Beitrag behilflich sein.

8 Schrifttum

[1]   DIN EN 50 014/VDE 0170/0171 Teil 1 und folgende/5.78: Elektrische Betriebsmittel für explosionsgefährdete Bereiche, Allgemeine Bestimmungen
[2]   DIN 51 794/1.78: Prüfung von Mineralölkohlenwasserstoffen, Bestimmung der Zündtemperatur
[3]   DIN 57 165/VDE 0165/6.80: Errichten elektrischer Anlagen in explosionsgefährdeten Bereichen
[4]   VDE 0171/2.61 mit Änderungen d/2.65 und f/1.69: Vorschriften für explosionsgeschützte elektrische Betriebsmittel
[5]   Freytag, H. H.: Handbuch der Raumexplosion. Weinheim: Verlag Chemie, 1965
[6]   Olenik; Wettstein; Rentzsch: BBC-Handbuch für Explosionsschutz. 2. Aufl., Essen: Giradet-Verlag, 1983

GÜLTIGE VDE-BESTIMMUNGEN FÜR DEN ELEKTRISCHEN EXPLOSIONSSCHUTZ, STAND: ENDE 1982

ZONE neu	ZONE alt	KENNZEICHEN alt	KENNZEICHEN neu	Anwendungsbereich	ZÜNDSCHUTZART alt	ZÜNDSCHUTZART neu	Bezeichnung	EXPLOSIONSKLASSEN alt Bez.	Grenzspaltweite bei 25mm Länge (mm)	EXPL.-GRUPPEN neu Bez.	Grenzspaltweite bei 25mm Länge (mm)	ZÜNDGRUPPEN bis 8.57 Bez.	Zündtemperatur über (°C)	ZÜNDGRUPPEN bis 4.78 Bez.	Zündtemperatur über (°C)	TEMP.-KLASSEN ab 5.78 Bez.	Höchste Oberflächentemp. (°C)	GÜLTIGE VDE-BESTIMMUNGEN
0				Explosionsschutz														Betriebsmittel:VDE 0170/0171, Teil 12 Entwurf; Errichtung: VDE 0165, Absch. 6.2 Entwurf
1	Sch	(Ex) EEx...I		Schlagwetterschutz	o	o	Ölkapselung	1	> 0,6	A	> 0,9	A	450	G1	450	T1	450	Betriebsmittel:VDE 0170/0171/2.61 (noch gültig bis 1.5.1988); DIN EN 50 014/VDE 0170/0171 Teil 1 u.ff/5.78
	Ex	(Ex) EEx...II		Explosionsschutz	f	p	Überdruckkapselung	2	> 0,4 - 0,6	B	0,5 - 0,9	B	300	G2	300	T2	300	Errichtung:DIN 57 165/VDE 0165/6.80
					q	q	Sandkapselung	3a				-	-	G3	200	T3	200	Betrieb:DIN 57 105 Teil 9/VDE 0105 Teil 9/7.81
					d	d	druckfeste Kapselung	3b } 3n	≤ 0,4	C	< 0,5	C	175	G4	135	T4	135	
					e	e	erhöhte Sicherheit	3c				D	120	G5	100	T5	100	
					i	i	Eigensicherheit (i_a=eigensicher bei zwei Fehlern) (i_b=eigensicher bei einem Fehler)									T6	85	Beispiel für die Reihenfolge der Zeichen: alt (Ex)d2 G3 neu EEx d IIB T3 El. Betriebsmittel in "Druckfeste Kapselung" für Gruppe IIB, Temperaturklasse T3
					s		Sonderschutzart											
					p		Plattenschutzkapselung											
						(m)	Vergußkapselung											
2				Explosionsschutz														Betriebsmittel und Errichtung: VDE 0165/8.69 § 22, VDE 0165 A2 Entwurf
10				Staubex.														Betriebsmittel:VDE 0170/01 71, Teil 13 Entwurf; Errichtung: VDE 0165, Absch. 7.2
11				Staubex.														Betriebsmittel und Errichtung: VDE 0165, Absch. 7.1

EXPLOSIONSSCHUTZ-KENNZEICHNUNG, ALT - NEU

Verfasser	Datum	Blatt

Bild 11. Explosionsschutz-Kennzeichnung; Gegenüberstellung alt – neu

[7]   Nabert, K.; Schön, G.: Sicherheitstechnische Kennzahlen. 2. Aufl., Braunschweig: Deutscher Eichverlag

[8]   Busch, H.: Explosionsdrucke von Gas- und Dampf-Luft-Gemischen. Brennstoff-Chemie, 1956

[9]   Maskow, M.: Schlagwetterschutz − Explosionsschutz. Techn. Mitt. BVS, 1962

[10]   Schampel, K.; Steen, H.: Druckbeanspruchung von detonationssicheren Einrichtungen, PTB-Mitt. 92 (1982) H. 1

[11]   DIN 57 105 Teil 9/VDE 0105 Teil 9/7.81: Betrieb von Starkstromanlagen − Zusatzfestlegungen für explosionsgefährdete Bereiche

Explosionsschutz-Konzepte in der Elektrotechnik

Ing. (grad.) *Artur Eulert*, BBC-AG, Eberbach

1 Einleitung

Explosionsgeschützte Betriebsmittel – in Kurzform auch Ex-Betriebsmittel genannt – dürfen nur in explosionsgefährdeten Bereichen eingesetzt werden, wenn sie nach einer nationalen oder internationalen Vorschrift gebaut und als solche von einer anerkannten Prüfstelle getestet und zugelassen worden sind. Eine weitere wichtige Voraussetzung ist, daß sie gemäß den Festlegungen der von der Prüfstelle ausgegebenen Prüfbescheinigungen eingesetzt werden.

2 Zündschutzarten nach DIN EN 50 015–20/VDE 0170/0171 Teil 2–7/5.78 [1]

Weltweit unterscheidet man heute folgende Haupt-Zündschutzarten für explosionsgeschützte elektrische Betriebsmittel (**Tabelle 1**):

Tabelle 1. Zündschutzarten

Zündschutzart	Symbol		
	IEC	DIN EN/ VDE (neu)	VDE (alt)
Druckfeste Kapselung (flameproof enclosure)	Ex d	EEX d	(Ex) d
Erhöhte Sicherheit (increased safety)	Ex e	EEX e	(Ex) e
Überdruckkapselung (pressurization)	Ex p	EEX p	(Ex) f
Eigensicherheit (intrinsic safety)	Ex ia/ib	EEX ia/ib	(Ex) i
Ölkapselung (oil-immersion)	Ex o	EEX o	(Ex) o
Sandkapselung (sand-filled apparatus)	Ex q	EEX q	–
Vergußkapselung[1] (encapsulation)	–	EEX m	(Ex) s

1) noch nicht in Kraft gesetzt

Die ersten vier Zündschutzarten der Tabelle 1 sind hinsichtlich ihrer Einsatzhäufigkeit die bedeutendsten. Die Zündschutzart Ölkapselung »o« ist zwar eine der ältesten, nimmt aber weltweit an Bedeutung ab, da für den gleichen Zweck wirtschaftlichere Lösungen zur Verfügung stehen. Auch die Zündschutzart Sandkapselung »q« fällt vom wirtschaftlichen Standpunkt her weniger ins Gewicht, obwohl diese Technologie in speziellen Fällen sehr hilfreich sein kann.

Modernere Technologien sind zur Erreichung eines in gleicher Weise sicheren Explosionsschutzes entwickelt worden. So wurde auf Basis der in der Bundesrepublik Deutschland und anderen europäischen Ländern schon seit langem eingeführten Sonderschutzarten »s« eine große Anzahl von elektrischen Schalt- und Kontrollgeräten äußerst wirtschaftlich hergestellt. Sie arbeiten in vielen explosionsgefährdeten Bereichen mit einem hohen Sicherheitsgrad zur vollen Zufriedenheit der Betreiber. Es ist deshalb gut zu verstehen, wenn die deutschen Komitee-Mitglieder in den verschiedensten europäischen Normungsgremien die Schaffung einer eigenen – jedoch auf die Kenntnisse der Sonderschutzart »s« aufbauenden – Zündschutzart Vergußkapselung »m« mit allem Nachdruck vertreten haben. Zur Zeit liegt ein Entwurf Pr EN 50 028/VDE 0170/0171 Teil 9 vom Februar 1982 – Vergußkapselung »m« – vor, der höchstwahrscheinlich im Laufe dieses Jahres zur Europäischen Norm erhoben wird.

2.1   Begriffsbestimmungen und Merkmale der Zündschutzarten

In der IEC-Publikations-Serie 79 und anderen relevanten Veröffentlichungen sind die wesentlichen Eigenschaften der Zündschutzarten definiert, die im folgenden kurz behandelt werden.

2.1.1   Druckfeste Kapselung »d«

Definition:
»Zündschutzart, bei der die Teile, die eine explosionsfähige Atmosphäre zünden können, in ein Gehäuse eingeschlossen sind, das bei der Explosion eines explosionsfähigen Gemisches im Inneren deren Druck aushält und eine Übertragung der Ex-

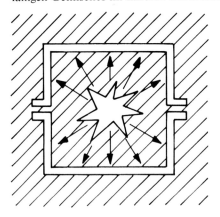

Bild 1.   Symbolische Darstellung »d«
(Schraffur = explosionsfähige Atmosphäre)

Bild 2. Druckfeste Verteilung (Ex) d3nG5

plosion auf die das Gehäuse umgebende explosionsfähige Atmosphäre verhindert«
(Bild 1).
Wir lassen also eine Explosion im Inneren eines schützenden Gehäuses zu **(Bild 2)**,
sorgen aber dafür, daß das Gehäuse dem Explosionsdruck standhält und daß die Explosion im Inneren nicht nach außen durchschlägt. Diese Zündschutzart bietet sich
an, wenn Zündquellen im explosionsgefährdeten Bereich geschützt untergebracht
werden müssen; also für alle Betriebsmittel, die betriebsmäßig Lichtbogen oder
zündfähige Funken erzeugen oder Teile enthalten, deren Oberflächentemperatur
oberhalb der Zündtemperatur der umgebenden explosionsfähigen Atmosphäre liegt
(Bild 3).

2.1.2   Erhöhte Sicherheit »e«

Definition:
»Es sind Maßnahmen getroffen, um mit einem erhöhten Grad an Sicherheit die
Möglichkeit unzulässig hoher Temperaturen und des·Entstehens von Funken oder
Lichtbogen im Inneren oder an äußeren Teilen elektrischer Betriebsmittel, bei denen sie im normalen Betrieb nicht auftreten, zu verhindern.« **(Bild 4)**.
Die Zündschutzart ist anwendbar für elektrische Betriebsmittel und Teile davon,
die unter normalen Betriebsbedingungen weder Funken oder Lichtbogen erzeugen
noch gefährliche Temperaturen annehmen und deren Nennspannung den Wert
11 kV nicht überschreitet. So ist z. B. ein Drehstrom-Motor mit Käfigläufer in dieser Zündschutzart ausführbar, da weder ein Kommutator noch Schleifringe vorhan-

Bild 3. Drucktaster-Kombination
neu EEXd/eIICT6, alt (Ex)d3nG5

den sind. Durch besondere Maßnahmen wird eine im Vergleich zur normalen Ausführung »erhöhte Sicherheit« gegen die Bildung von Zündquellen erreicht. Da durch
diese Maßnahmen am Betriebsmittel allein eine Überschreitung der zulässigen
Temperaturen nicht verhindert werden kann, erstrecken sich die Bestimmungen auf
das Zusammenwirken mit zugehörigen Schutzorganen, wie z. B. Motorschutzschal-
tern.

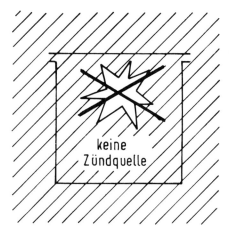

Bild 4. Symbolische Darstellung »e«

Der grundsätzliche Unterschied zur Zündschutzart druckfeste Kapselung besteht in folgendem: Während bei der Zündschutzart druckfeste Kapselung mit einer Explosion im Gehäuse gerechnet und ihre Übertragung nach außen unterbunden wird, beruht die Zündschutzart erhöhte Sicherheit darauf, daß das Entstehen von Zündquellen, die eine Explosion auslösen können, verhindert wird **(Bild 5)**.

Bild 5. Klemmenkasten in Zündschutzart erhöhter Sicherheit (Ex)e

2.1.3 Überdruckkapselung »p«

Definition:
»Zündschutzart, bei der das Eindringen einer umgebenden Atmosphäre in das Gehäuse von elektrischen Betriebsmitteln dadurch verhindert wird, daß ein Zündschutzgas in seinem Inneren unter einem Überdruck gegenüber der umgebenden Atmosphäre gehalten wird. Der Überdruck wird mit oder ohne laufende Zündschutzgasdurchspülung aufrechterhalten.« **(Bild 6)**.

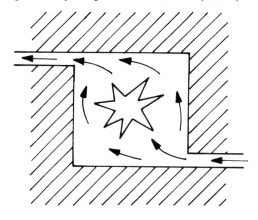

Bild 6. Symbolische Darstellung »p«

Man unterscheidet:
– Überdruckkapselung mit ständiger Durchspülung von Schutzgas **(Bild 7)**,
– Überdruckkapselung mit Ausgleich der Leckverluste.

Bild 7. Explosionsgeschützter Drehstrom-Asynchronmotor mit überdruckgekapseltem Schleifringraum

In diesem Falle wird also dafür gesorgt, daß sich in der unmittelbaren Umgebung der Zündquellen kein zündfähiges Gemisch bilden kann.

2.1.4   Eigensicherheit »i«

Definition:
»Ein Kreis oder ein Teil eines Kreises ist eigensicher, wenn kein Funke und kein thermischer Effekt, die betriebsmäßig (d. h. durch Öffnen oder Schließen des Kreises) oder im Fehlerfall (z. B. durch Kurzschluß oder durch Erdfehler) auftreten, unter festgelegten Prüfbedingungen die Entzündung einer bestimmten explosionsfähigen Atmosphäre verursachen können.« **(Bild 8)**.
Eigensichere Betriebsmittel, die speziell für den Einsatz in Zone 0 bestimmt sind, werden in Kategorie »ia« unterteilt, während die Kategorie »ib« für den Einsatz in Zone 1 bestimmt ist (bisher nur mit »i« markiert) **(Bild 9)**.

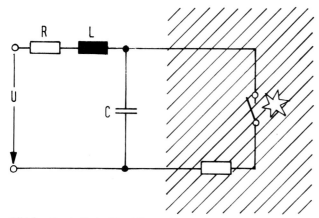

Bild 8. Symbolische Darstellung »i«

Bild 9. Sicherheitsbarrieren für eigensichere Stromkreise

2.1.5   Ölkapselung »o«

Definition:
»Zündschutzart, bei der elektrische Betriebsmittel oder Teile von elektrischen Betriebsmitteln durch Einschließen in Öl in dem Sinne sicher gemacht werden, daß eine explosionsfähige Atmosphäre über der Öloberfläche oder außerhalb des Gehäuses nicht gezündet wird.« (**Bild 10**).

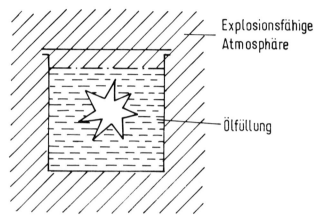

Explosionsfähige Atmosphäre

Ölfüllung

Bild 10. Symbolische Darstellung »o«

Auch hier wird eine Zündquelle im explosionsgefährdeten Bereich geschützt untergebracht. Die Zündquelle wird aber in diesem Fall in einem mit Öl gefüllten Gehäuse (**Bild 11**) so weit untergetaucht, daß ein Zünddurchschlag nach dem Bereich außerhalb der Öloberfläche vermieden wird. Das setzt voraus, daß die der Ölmasse zugeführte Wärmeleistung, Wärmeenergie und die dabei auftretende Energiedichte betrachtet und berücksichtigt werden.

2.1.6   Sandkapselung »q«

Definiton:
»Zündschutzart, bei der durch die Füllung des Gehäuses eines elektrischen Betriebsmittels mit einem feinkörnigen Füllgut erreicht wird, daß bei bestimmungsgemäßem Gebrauch ein in seinem Gehäuse entstehender Lichtbogen eine das Gehäuse umgebende explosionsfähige Atmosphäre nicht zündet. Es darf weder eine Zündung durch Flammen noch eine Zündung durch erhöhte Temperatur auf der Gehäuseoberfläche erfolgen.« (**Bild 12**).
Auch hier wird eine Zündquelle durch Untertauchen in ein in diesem Falle rieselfähiges Medium geschützt, so daß ein Zünddurchschlag in die umgebende explo-

Bild 11. Schützgehäuse mit Amperemeter in Zündschutzart Ölkapselung

sionsfähige Atmosphäre vermieden wird. Bekannteste Anwendungsbeispiele sind Kondensatoren, Transformatoren, Steuerschaltungen mit heißen oder funkengebenden Teilen. Ein besonderer Vorteil dieser Zündschutzart ist ihre Gasdurchlässigkeit. Sie ist von besonderem Vorteil, wenn im Störungsfalle im Inneren der Sandkapselung nicht nur hohe Temperaturen, sondern durch Verdampfung von Baustoffen auch beträchtliche Gasmengen entstehen. Diese können abgeführt werden, ohne daß in der Sandkapselung unzulässige Überdrücke entstehen. Das ist besonders wichtig beim Verdampfen von Isolierstoffen in Kondensatoren und Transformatoren **(Bild 13)**.

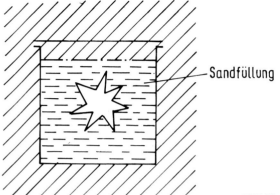

Bild 12. Symbolische Darstellung »q«

Bild 13. Kondensator in Zündschutzart Sandkapselung »q«

2.1.7 *Vergußkapselung »m«*

Definiton:
»Werden im Fehlerfall keine größeren Gasmengen produziert, so kann auch diese neu geschaffene Zündschutzart große Vorteile bieten. Sie ist eine Zündschutzart, bei der die Teile, die eine explosionsfähige Atmosphäre zünden können, in eine gegenüber Umgebungseinflüssen genügend widerstandsfähige Vergußmasse so eingebettet sind, daß diese explosionsfähige Atmosphäre weder durch Funken noch durch Erhitzung, die innerhalb der Vergußkapselung entstehen können, gezündet werden kann.« (**Bild 14**).

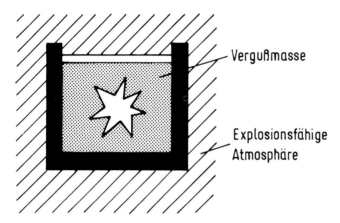

Vergußmasse

Explosionsfähige
Atmosphäre

Bild 14. Symbolische Darstellung »m«

Das Prinzip dieser Zündschutzart wird in Deutschland im Rahmen des »Sonderschutzes« seit mehreren Jahren zunehmend angewandt (**Bild 15**).

3 Aufbau und Konstruktionskonzepte der Zündschutzarten

Bisher wurden nur die Eigenheiten und Definitionen der verschiedenen Zündschutzarten betrachtet. Wie sehen nun die praktischen Lösungen aus, und nach welchen Gesichtspunkten wählt man sie aus? Hierbei sollten sowohl die Sicherheitsaspekte als auch die wirtschaftlichen Gesichtspunkte gleichzeitig betrachtet werden, um zu einer optimalen Lösung zu gelangen.

3.1 Baukonzepte der druckfesten Kapselung »d«

3.1.1 Schaltgeräte
Wir unterscheiden hierbei grundsätzlich zwei Systeme:
Beim ersten ist das *Gehäuse* druckfest gekapselt, und das elektrische Schaltgerät, die

Bild 15. Kontrollampe mit angegossenem Kabel in Zündschutzart Sonderschutz »s«

Einzelkomponenten (z. B. ein Drucktaster, Luftschütz, Sicherung usw.) ist als normales IP-00-Gerät im Gehäuse untergebracht.
Symbolisch dargestellt zeigt dies **Bild 16**.
Das zweite System geht von dem genau entgegengesetzten Prinzip aus.
Hier wird das *elektrische Schaltgerät* druckfest gekapselt, d. h., jede Komponente besitzt eine speziell auf sie zugeschnittene »Ex-Hülle« in Form einer druckfesten Kapselung, vorzugsweise aus Kunststoff hergestellt. Man spricht in diesem Fall auch von der »Komponenten-Kapselung«. Die Komponenten werden dann einzeln oder mehrfach in ein Schutzgehäuse der Zündschutzart »Erhöhte Sicherheit« (Ex)e eingebaut.
Symbolisch dargestellt ist dies in **Bild 17**.

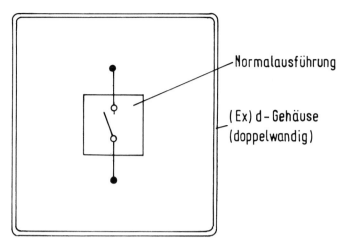

Bild 16. Gehäusekapselung (symbolisch)

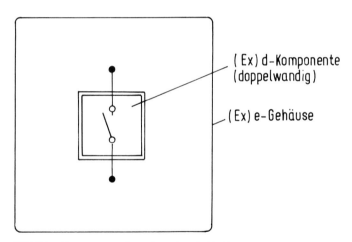

Bild 17. Komponentenkapselung (symbolisch)

3.1.1.1 Komponentenkapselung

Wenden wir uns nun zuerst der Komponenten-Kapselung zu:

Am Anfang dieser revolutionierenden Technik stand ein im Jahre 1938 erteiltes Patent, bei dem die »druckfeste Schalter-Komponente« noch aus einem dickwandigen Keramiktopf bestand **(Bild 18)**. In diesem waren die Schaltfunken erzeugenden Kontakte innen angeordnet und über Durchführungen mit dem außenliegenden Bolzenklemmen verbunden.

Bild 18. Steuerschalter aus Keramik

Verschlossen wurde der »Topf« durch einen ebenfalls aus Keramik hergestellten Deckel. Die bei dieser Zündschutzart nicht zu vermeidenden zünddurchschlagsicheren Spalte **(Bild 19)** befinden sich am Deckelrand der Achsdurchführung sowie jeweils an den einzelnen Kontaktdurchführungen.

Wegen seiner offenen Anschlußklemmen mußte die Schalterkomponente in einem Gehäuse der Zündschutzart »Erhöhte Sicherheit« eingebaut werden **(Bild 20)**.

Die Keramik-Komponenten wurden über mehrere Jahrzehnte gefertigt und trugen mit dazu bei, daß deutsche Ex-Geräte einen guten Ruf auf dem Weltmarkt bekamen. Wie eingangs schon erwähnt, sind neben den Sicherheitsgesichtspunkten aber auch die wirtschaftlichen Gesichtspunkte bei der Entwicklung von Ex-Geräten zu beachten; und da der Werkstoff Keramik sehr teuer ist, noch teurer aber die Bear-

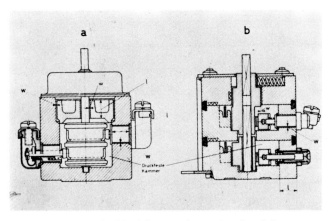

Bild 19. Zünddurchschlagsichere Spalte am Steatitsockel

Bild 20. Steuerschalter, eingebaut im (Ex) e-Gehäuse

beitung des Zündspaltes, war man immer auf der Suche nach einer preisgünstigeren aber trotzdem sicheren Problemlösung. Im »Zeitalter der Kunststoffe« strebte man Konzeptionen aus Kunststoff an. Nach und nach wurde der Werkstoff Keramik durch den Werkstoff Kunststoff ersetzt.
Anfangs wurde nur das Unterteil aus Kunststoff, der Deckel jedoch noch aus Keramik hergestellt. Als praktisches Beispiel sehen wir den Sockel eines Installationsschalters (**Bild 21**).

Bild 21. Installationsschalter
Sockel aus Kunststoff; Deckel aus Keramik

3.1.1.2   Einzelkontaktkapselung

Im Weiterverfolgen dieses Zieles – Austausch Keramik gegen Kunststoff – gelangte man zu einer weiteren revolutionierenden Lösung. War man bisher von dem Prinzip ausgegangen, das elektrische Betriebsmittel in seiner Gesamtheit »Komponenten zu kapseln«, wurde bei der neuen Lösung jeder Kontakt einzeln gekapselt. Davon wurde auch der Name abgeleitet. *Einzelkontaktkapselung* – eine Abwandlung der Komponentenkapselung.

Hierbei wird der elektrische Schaltkontakt in einer kleinen Kunststoffkammer **(Bild 23)** untergebracht und oberseitig so vergossen, daß nur noch ein minimaler Schaltraum – in dem sich der Kontakt bewegen kann – übrigbleibt. Betätigt wird die doppelseitig unterbrochene Kontaktbrücke durch einen Stößel **(Bild 22)**.

Zwei dieser Kontaktkammern werden auf einer Schalterebene – sich gegenüberliegend – angebracht. Durch die Formgebung der Nockenscheibe können sämtliche in der Praxis benötigten Schaltfunktionen, die ein normaler Nockenschalter erreicht, ebenfalls erzielt werden. Vom unterbrechungslosen Umschalter, Schleifkontakt, vor- und nacheilenden Kontakt bis zu zwei Schaltfolgen in einer Kammer werden verwirklicht.

Bei diesem Steuerschalter **(Bild 24)** können bis zu sechs Ebenen aufeinandergebaut werden, d. h., es kann sogar ein 12poliger Schalter gebaut werden, der sich äußerlich kaum von einem normalen Industrieschalter unterscheidet.

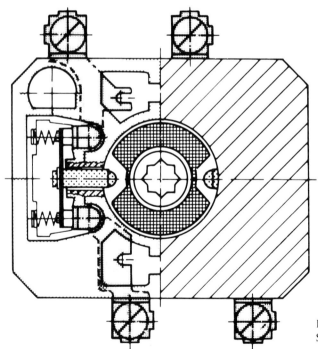

Bild 22.
Schnittbild Einzelkontakt

Bild 23. Zwei Einzelkontaktkammern

Bild 24. Steuerschaltersockel mit zwei Ebenen

Da es sich hier um eine Komponente mit offenen Klemmen handelt, versteht es sich von selbst, daß sie wiederum in ein (Ex)-Gehäuse eingebaut werden muß.

3.1.1.3 Leistungskomponenten

Bisher wurde nur über Steuerschalter bis zu einem maximalen Nennstrom von 16 A in Einzelkontaktkapselung berichtet; es sind aber auch Last- und Motorschalter nach diesem Konzept entwickelt worden, sogenannte »Leistungs-Komponenten«, hier dargestellt durch eine Schaltkammer für 32 A Nennstrom (**Bild 25**).
Der Aufbau ist ähnlich dem des Steuerschalters, jedoch aufgrund der stärkeren Kontakte wesentlich größer. Eine Besonderheit stellt die Ausbildung der Kammer dar. An den beiden Kontakten ist sie herzförmig ausgebildet. Die keilförmige Spitze bewirkt eine Spaltung des Schaltfunkens und damit eine schnelle Löschung.
Eine sehr interessante Betrachtung stellt die nächste Größe der Schaltkammer mit einem Nennstrom von 63 A dar.
Motor- und Lastschalter für 32 A Nennstrom wurden bis Anfang der 70er Jahre in der Gehäusekapselung (**Bild 26**) hergestellt.
Aufgrund der Erfahrung des Steuerschalterprogramms wagte man sich an die Entwicklung von Komponenten mit einem Volumen von fast zwei Litern heran. Am Ende der langen Entwicklungsperiode stand ein Topfgehäuse aus Kunststoff (**Bild 27**), in dem 63-A- und sogar 100-A-Schaltereinsätze eingebaut werden konnten.
Durch die aus der Einzelkontaktkapselung gewonnenen Vorteile wurde jedoch diese Entwicklung relativ schnell überholt. Sie ist heute schon praktisch durch den 63-A-Einzelkontakt-Schalter (**Bild 28**) abgelöst und wird in Kürze aus rein wirtschaftlichen Erwägungen nur noch für besondere Einsatzfälle verwendet.

Bild 25. Einzelkontakt-Schaltkammer für 32 A

Bild 26. Druckfestes Gehäuse mit 100-A-Motorschalter

Bild 27. Topf-Komponente 63/100-A-Schalter

Bild 28. Einzelkontakt-Schaltkammer für 63 A

3.1.1.4   Preisvergleich Gehäuse-Komponenten und Einzelkontaktkapselung

Gehäuse-   Komponenten-   Einzelkontakt-
Kapselung   Kapselung   Kapselung

100 %   42 %   25 %

Bild 29.   Preisvergleich der Kapselungsarten

Anhand dieser Grafik **(Bild 29)** kann man mit den drei Kapselungsarten: Gehäuse-, Komponenten- und Einzelkontaktkapselung einen Preisvergleich anstellen, um die Wirtschaftlichkeit der Komponenten- und Einzelkontaktkapselung herauszustellen. Die Grafik zeigt eindeutig, daß schon bei der Komponentenkapselung dieses Schalters gegenüber der Gehäusekapselung ein Preisvorteil von 58 % besteht. Bei der Einzelkontaktkapselung wird dieser Unterschied noch gravierender. Der Schalter kostet nur noch 25 % eines Schalters in Gehäusekapselung. Neben den kommerziellen Vorteilen besitzt diese Technik auch erhebliche technische Vorteile, auf die jedoch später bei der Abschlußbetrachtung erst eingegangen werden soll.

3.1.1.5   Komponenten-Kapselung mit Geräten höherer Leistung
In neuester Zeit wurde das Prinzip der Komponenten-Kapselung immer mehr auf Industrieschaltgeräte höherer Leistung ausgedehnt.
Ausschlaggebend für die Aufnahme der Entwicklung eines solchen Komponenten-Gerätes sind die zu erwartenden Fertigungsstückzahlen. Bei großen Stückzahlen ist es für den Hersteller wirtschaftlicher, die »Gehäuse-Kapselung« zu verwenden; diese Lösung amortisiert die hohen Investitionskosten für Werkzeuge und Maschinen in kurzer Zeit. Eine ganze Reihe derartiger »Leistungs-Komponenten« wird am Markt angeboten, die auch noch kurz behandelt werden soll.
Ist bei den Schaltgeräten kleinerer Leistungen das funkenerzeugende Schaltelement fast immer in das Komponenten-Gehäuse mit eingeschlossen (eingepreßt), so wird bei den Komponenten mit höherer Leistung fast ausschließlich ein separates Komponentengehäuse hergestellt, in das das serienmäßige Industrieschaltgerät (Automat, Luftschütz) eingebaut wird.
Der Sicherungsautomat **(Bild 30)** besteht aus einem druckfest gekapselten Formstoffgehäuse der Explosionsklasse (Ex)d3n, in das ein handelsüblicher Sicherungsautomat eingebaut ist. Der Nennstrom beträgt maximal 32 A. Eingebaut in ein Schutzgehäuse »erhöhte Sicherheit« (Ex)e dient es zum Schalten, als Kurzschluß und Überlastungsschutz von Licht- und Heizungskreisen.

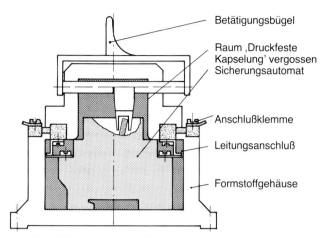

Betätigungsbügel

Raum ‚Druckfeste
Kapselung' vergossen
Sicherungsautomat

Anschlußklemme

Leitungsanschluß

Formstoffgehäuse

Bild 30. Sicherungsautomat-Komponente

Bild 31. Luftschütz-Komponente

Geliefert werden in dieser Technik zur Zeit auch Luftschütz-Komponenten (**Bild 31**) für Leistungen bis maximal 11 kW, auch bei 380 V Betriebsspannung. Die Gehäuse bestehen in diesem Fall aus glasfaserverstärktem Polyesterharz (**Bild 32**), das eine besonderes hohe mechanische Festigkeit gewährleistet. Der elektrische Anschluß des Schutzes und thermischen Überstromrelais wird auf zünddichten, vergossenen Leitungsdurchführungsbolzen vorgenommen.

Bild 32. Luftschützkombination in Komponententechnik

Neben den bisher ausführlich behandelten Geräten sind noch einige andere Schaltgeräte in Komponentenbauweise lieferbar; so z. B. Sicherungen bis 63 A, Zeitrelais, FI-Schutzschalter bis 40 A, Motorschutzschalter und Steuertransformatoren in (Ex)e-Technik.

3.1.1.6 Gehäuse-Kapselung
Die mannigfaltigsten Lösungen der Komponenten-Kapselung wurden im ersten Teil dieses Beitrags erklärt. Im zweiten Teil soll nun die Gehäuse-Kapselung behandelt werden, die aus gutem Grund an den Schluß der Betrachtungen gestellt worden ist.

3.1.1.6.1 Systeme für Kabel und Leitungseinführungen
Gemäß der IEC-79-1-Vorschrift unterscheidet man je nach der Einführung des Geräteanschlusses zwischen der *direkten Einführung* (Y-Ausführung) und der *indirekten Einführung* (X-Ausführung).

3.1.1.6.2 Y-Ausführung (direkte Einführung)
Auch bei der Y-Ausführung wird zwischen zwei Einführungsmethoden unterschieden (**Bild 33**):
1. das Rohrleitungssystem (conduit system) (**Bild 34**),
2. die direkte Kabeleinführung mit speziellen druckfesten Kabelarmaturen (**Bild 36**).

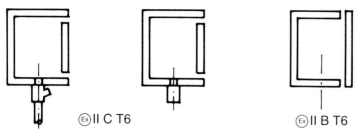

Bild 33. Y-Ausführung (direkte Einführung)

Das Rohrleitungssystem [14]

Vor allem in den USA und den von ihnen beeinflußten Märkten sind explosions-
geschützte elektrische Betriebsmittel nach diesem Rohrleitungssystem installiert
(Bild 34). Als Grundlage gilt hier der National Electrical Code (NEC). Bei Anlagen
Class 1 der Division 1 nach NEC (entspricht Zone 0 und Zone 1 nach IEC) werden
für die Betriebsmittel nach NEC nur metallische Leitungsrohre (conduits) mit ein-
gezogenen Leitungen oder mineralisolierte Kabel zugelassen.
Zum Einsatz gelangen jedoch im wesentlichen die metallischen Leitungsrohre.
Mineralisolierte Kabel werden hauptsächlich als Heizleitungen und als feuer- und
hitzebeständige Steuerleitungen eingesetzt.
Bei der Installation des Rohrsystems muß darauf geachtet werden, daß jedes Gehäuse mit Zündsperren abgeschlossen wird.

Bild 34. Rohrleitungssystem

Außerdem ist es notwendig, bei großen Längen und größeren Durchmessern in festgelegten Abständen zusätzliche Zündsperren (**Bild 35**) einzubauen, um bei der Zündung eines eventuell vorhandenen explosionsfähigen Gemisches in der Rohrleitung den Detonationsdruck zu vermeiden.

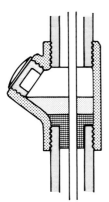

Bild 35.   Zündsperren (seals)

Direkte Kabeleinführung
Hier ist es möglich, Kabel und Leitungen direkt in die druckfest gekapselten Gehäuse einzuführen (**Bild 36**), wobei die dafür notwendigen Kabel und Leitungen und deren Einführungsteile ein Teil der Ex-Schutzmaßnahmen für die Zündschutzart »Druckfeste Kapselung« sind.

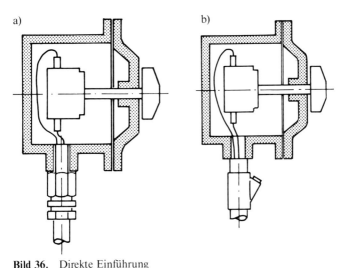

Bild 36.   Direkte Einführung
a) Kabelverschraubung (cable gland)
b) Rohreinführung (seals)

Im wesentlichen kommen bei dieser Installationsart zwei unterschiedliche Ausführungen zur Anwendung:

1. Die französische Technik, bei der eine konische Gummidichtung mittels Flansch und Schrauben derartig fest an das Kabel angepreßt wird, daß es zünddurchschlagsicher ist.

2. Die britische Technik, bei der mittels spezieller Kabelverschraubung (flameproof cable glands) die vorgeschriebenen Kabel in die druckfest gekapselten Gehäuse eingeführt werden. Es ist zu beachten, daß je nach Art des Kabels und dessen Aufbau sowie nach dem Einsatzort die passende Verschraubung auszuwählen ist.

Beiden Ausführungen der direkten Kabeleinführung ist gemeinsam, daß die Explosionssicherheit von der mechanischen, chemischen und thermischen Beständigkeit des Dichtgummis bzw. des Kabelmantels abhängt.

3.1.1.6.3 X-Ausführung (indirekte Einführung)

Mit dieser Kurzbezeichnung ist das System gemeint, bei dem hochwertige Kabel und Leitungen (z. B. solche mit einem Mantel aus Gummi, Kunststoff oder Blei) verwendet und indirekt in die druckfest gekapselten Gehäuse (**Bild 37**) der elektrischen Betriebsmittel eingeführt werden. Grundlage dieser Installationsart sind im wesentlichen die deutschen VDE-Bestimmungen, und zwar einerseits die »Bauvorschriften« für elektrische Betriebsmittel für explosionsgefährdete Bereiche (EN 50 014 bis EN 50 020/VDE 0170/0171/5.78) [1] und andererseits die »Bestimmungen für die Errichtung elektrischer Anlagen in explosionsgefährdeten Betriebsstätten VDE 0165/6.80« [2].

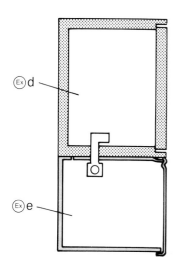

Bild 37. X-Ausführung (indirekte Einführung)

Die Installation des Kabelsystems wird wie folgt vorgenommen:
Mittels Kabel und Leitungen – wie in VDE 0165/6.80 beschrieben – werden über Stopfbuchsverschraubungen und Kabelstutzen die elektrischen Leiter in einen Anschlußkasten der Zündschutzart »Erhöhte Sicherheit« (Ex)e eingeführt und an den zugehörigen Klemmen – ebenfalls in Zündschutzart (Ex)e – angeschlossen (**Bild 38**). Von hier gehen Einzeladern über Leitungsdurchführungen in die druckfest gekapselten Gehäuse, in denen die elektrischen Betriebsmittel eingebaut sind.
In den Bereichen, in denen mit mechanischer Beschädigung der Kabel gerechnet werden muß, sind diese in Schutzrohren zu verlegen. Solche Schutzrohre dürfen jedoch nicht als geschlossenes System ausgeführt werden (Rohrenden immer offen), da sie sonst wiederum den Vorschriften der »druckfesten Kapselung« unterliegen müßten.

Bild 38. Verteileranlage mit geöffnetem Anschlußkasten

3.1.1.7 Kosten- und Sicherheitsaspekte der verschiedenen Systeme
Dem hohen mechanischen Montageaufwand für das Rohrsystem – einschließlich
der sorgfältig durchzuführenden Abdichtarbeiten an den Zündsperren (seals) – steht
die relativ einfache Verlegung der Kabel bei der »indirekten Einführung« gegenüber.
Lediglich an den Stellen, an denen mit mechanischer Beschädigung zu rechnen ist,
werden die Kabel in offene Schutzrohre eingezogen. Im Verhältnis zu der mechanischen Montage des Rohrsystems ist das Abmanteln der Kabel bei dem VDE-Sy-
stem ein geringer Aufwand.

Das System der direkten Einführung mittels Rohren (conduit) ist in der Errichtung
in bezug auf Material und Zeit aufwendiger als das Kabelsystem, hat aber sicherheitstechnische Vorteile. Der in einem Störungsfall auftretende Funke oder Lichtbogen ist von dem druckfest gekapselten Rohrsystem zünddicht abgeschlossen, so
daß eine Zündgefahr für eine etwa vorhandene explosionsfähige Atmosphäre nicht
besteht. Auch bei einem Brand der Aderisolierung, im Störungsfall hervorgerufen
durch einen Lichtbogen oder durch Überlastung, verhütet das Rohrsystem ein
Übergreifen des Brandes auf benachbarte Rohrleitungen.

Da jedoch in einem geschlossenen Rohrsystem, wie zuvor beschrieben, verstärkt
Kondenswasserbildung möglich ist, ist hier mit einem Auftreten von Erd- und Kurzschlüssen zu rechnen. Ebenfalls nachteilig wirkt sich auf die Rohrinstallation aus,
daß die für die Elektroinstallation verlegten Rohrbündel und/oder Rohrtrassen
häufig äußerer Pflegearbeiten, wie Rostschutzanstriche – vor allem in chemisch ag-
gressiver Atmosphäre –, bedürfen.

Diese Arbeiten sind durch die örtlichen Gegebenheiten oft nur unvollkommen möglich.

Im Vergleich dazu kann man die freiliegenden Kabel des Kabelsystems wesentlich
leichter überwachen.

Unseres Wissens hat bisher keines der zuvor beschriebenen Installationssysteme
mehr als das andere zu Schadensereignissen geführt.

Bezüglich der Kosten noch folgendes:

Einige-Industrieanlagen-Abteilungen, die weltweit für die Petrochemie elektrische
Ausrüstungen planen, liefern und auch installieren, hatten bei der Kalkulation einiger Exportprojekte ermittelt, daß die Kosten für den explosionsgeschützten Teil
einer solchen Anlage, installiert mit dem Conduit-System, etwa 30 bis 40 % höher
sind als die der Kabelinstallation.

Dabei ergaben sich folgende Einzelmehrkosten (teilweise geschätzt)
für Material . . . . $\approx 5-20\,\%$
für zusätzliche Montage . . . . $\approx 10-15\,\%$
für das zusätzliche Hindurchziehen der Leitungsadern . . . . $\approx 2\,\%$
für das zusätzliche Vergießen der Zündsperren . . . . $\approx 2\,\%$
für die Anfertigung von Verlegungszeichnungen der Rohre . . . . $\approx 1\,\%$

3.1.2 (Ex)d-Motoren

Am häufigsten wird in explosionsgefährdeten Betrieben der Asynchronmotor mit Kurzschlußläufer eingesetzt, weil er der einfachste und robusteste ist und relativ leicht in der Zündschutzart »druckfeste Kapselung« ausgeführt werden kann **(Bild 39)**. Auch hier gilt wieder die Forderung, daß das Gehäuse des Motors eine Explosion im Innern aushält, die durch funkende Teile oder durch Erwärmung hervorgerufen wird, und daß durch entsprechende konstruktive Gestaltung der Zündspalt verhindert, daß heiße Gase oder Funken austreten und im umgebenden Raum ein vorhandenes zündfähiges Gasgemisch zünden. Bei der Konstruktion ist ferner zu beachten, daß das Gehäuse der Motoren an der Außenwand keine so hohe Temperaturen annehmen und so selbst zur Zündquelle werden kann.

Bild 39. Drehstrom-Asynchronmotor mit Käfigläufer;
Zündschutzart druckfeste Kapselung (Ex) d2 G4

Weitere, kritische Teile sind die umlaufenden Wellen und deren Wellendichtungen. Wegen der nach DIN EN 50 018/VDE 0170/0171/5.78 zwischen umlaufenden und feststehenden Teilen geforderten geringen und auch im Betrieb unverändert gleichzuhaltenden Spaltweiten bestimmen in vielen Fällen die Wellendichtungen die ausführbare Explosionsgruppe eines druckfest gekapselten Motors. Während bei Motoren kleinerer und mittlerer Leistungen in den Explosionsgruppen A und B ein zylindrischer Spalt am inneren Lagerdeckel als Zündsperre ausreicht, müssen bei Motoren größerer Leistung sogenannte selbstzentrierende Kalottendichtungen oder Lamellendichtungen verwendet werden.
Im Gegensatz zum Motor in erhöhter Sicherheit benötigt ein (Ex)d-Motor **(Bild 40)** keine besondere, auf die Motordaten abgestimmte Schutzeinrichtung, sondern es genügt ein handelsübliches Überstromschutzorgan.

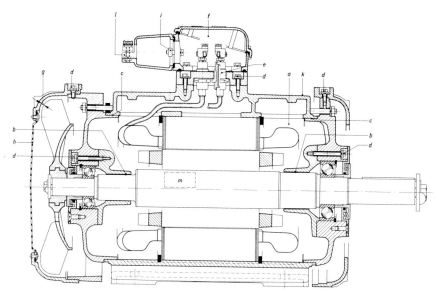

Bild 40. Längsschnit durch (Ex) d-Drehstrom-Asynchronmotor mit Käfigläufer

3.1.3 (Ex)d-Leuchten

Die Zündschutzart »d« wird dann eingesetzt, wenn die Oberflächentemperatur der Lampen die Grenztemperatur weit überschreitet. Dies ist vor allem bei Hochdruck-entladungslampen der Fall. Das Gehäuse – auch dessen lichtdurchlässiger Teil – muß einem Explosionsdruck von 10 bar standhalten, was sehr dicke Schutzgläser oder Schutzscheiben bedingt **(Bild 41)**.

Der zünddurchschlagsichere Spalt befindet sich in der Regel zwischen Glashaltering und Gehäuse. Beim Unwirksamwerden der Zündschutzart (z. B. beim Öffnen) wird die Netzzuleitung zwangsläufig abgeschaltet. Nach EN 50 014 Abschnitt 20.2 müssen alle Leuchten mit einem Warnschild »Nicht unter Spannung öffnen« versehen sein. Auf dieses Warnschild kann nur verzichtet werden, wenn die Netzzuleitung bei Unwirksamwerden der Zündschutzart allpolig abgeschaltet wird.

3.1.4 (Ex)d-Steckvorrichtungen

Explosionsgeschützte Steckvorrichtungen sind Schaltgeräte besonderer Art und dürfen nur in der *Zündschutzart druckfeste Kapselung »d«* gebaut und zugelassen werden.

Die elektrischen Kontakte müssen so schließen oder trennen, daß dies bei vollständiger Erhaltung der Zündsperre durchgeführt wird, d. h. beim Zusammenfügen von Steckdose und Stecker muß die Zündsperre hergestellt sein, ehe sich die Kontakte berühren. Dagegen muß die elektrische Trennung der Kontakte *vor* dem Öffnen der Zündsperre beim Trennen der Verbindungen durchgeführt sein.

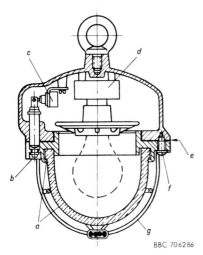

BBC 706286

Bild 41. Schnittbild einer explosionsgeschützten Leuchte in Zündschutzart (Ex) d für Lampen mit Fassung E 27

a Schutzglas mit Blei vergossen   e Spalt
b Verriegelungsschraube   f Riegelbolzen
c zweipoliger Schalter   g Schutzkorb
d Fassung

Steckvorrichtungen für Nennströme $I > 10$ A und Nennspannungen $U > 250$ V müssen so gebaut sein, daß ein Herausziehen des Steckers verhindert ist, solange ein Strom fließt, oder sie müssen elektrisch oder mechanisch verriegelt (**Bild 42**) sein. Bei den meisten Steckvorrichtungen werden durch den Einbau eines Schalters, der erst betätigt werden kann, wenn die Zündsperre und der elektrische Kontakt hergestellt ist, die VDE-Bestimmungen voll erfüllt. Steckvorrichtungen für Nennströme bis 10 A und Nennspannungen bis 250 V Wechselspannung oder 60 V Gleichspannung brauchen gemäß DIN EN 50 014 § 19.2 nicht mehr elektrisch oder mechanisch verriegelt sein und somit spannungslos gezogen werden, wenn das normalerweise unter Spannung stehende Teil die Steckdose ist und wenn die Kontakte, die nach der Trennung unter Spannung bleiben, entsprechend der Schutzart IP 54 geschützt sind.

3.2 Baukonzepte der Zündschutzart erhöhte Sicherheit »e«

Die Zündschutzart erhöhte Sicherheit hat nicht zuletzt wegen ihrer äußerst wirtschaftlichen Lösungen in vielen Ländern der Welt einen hohen Stellenwert erreicht. Dieses zeigt sich an der großen Anzahl von (Ex)d/e-Steuergeräten, Motoren, Leuchten und Klemmenkästen in dieser Schutzart. Der wirtschaftliche und sichere Einsatz derartiger (Ex)e-Betriebsmittel stellt wahrscheinlich den bemerkenswertesten Unterschied zwischen amerikanischer und deutscher Explosionsschutztechnik dar.

Die Zündschutzart erhöhte Sicherheit »e« ist nur für elektrische Betriebsmittel zulässig, die betriebsmäßig keine Zündquelle bilden. Daher dürfen Schaltgeräte, wie Motorschutzschalter, Luftschütze, Drucktaster usw., die betriebsmäßig Funken bilden, in dieser Zündschutzart nicht ausgeführt werden.
Während bei den anderen Zündschutzarten die Höhe der Grenztemperatur nur an der Oberfläche von Gehäusen von Bedeutung ist und eingehalten werden muß, darf sie bei der Zündschutzart erhöhte Sicherheit an keiner Stelle, die mit dem explosionsfähigen Gemisch in Berührung kommen kann, überschritten werden. Die zulässigen Grenzwerte gelten daher auch für alle Oberflächen innerhalb eines Gehäuses (**Bild 43**).

Bild 42. Explosionsgeschützte, druckfest gekapselte Steckvorrichtung

3.2.1 *(Ex)e-Schutzgehäuse für druckfest gekapselte Komponenten*

Im Abschnitt 3.1 wurde bereits darauf hingewiesen, daß druckfeste Komponenten vor allem wegen ihrer offenen Anschlußklemme in ein Schutzgehäuse der Zündschutzart erhöhte Sicherheit einzubauen sind. Seit Einführung der Europanorm EN werden an diese Schutzgehäuse besonders hohe Anforderungen sowohl hinsichtlich ihrer mechanischen, thermischen und chemischen Widerstandsfähigkeit als auch

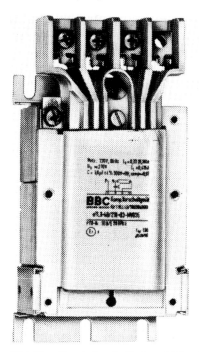

Bild 43. Vorschaltgerät für Langfeldleuchte in Zündschutzart (Ex) e

der Gefahr elektrostatischer Aufladung gestellt. Die Erfüllung dieser Anforderungen wird in einer Typenprüfung festgestellt, auf deren Hauptmerkmale hier einmal eingegangen werden soll **(Bild 44)**.

3.2.1.1 Mechanische Prüfung

Der Prototyp oder ein Muster wird gemäß den Bestimmungen der Europanorm EN geprüft. Jedoch kann auch eine Prüfstelle auf gewisse Prüfungen verzichten, wenn sie diese für unwichtig hält und die Gründe dafür im Prüfprotokoll angibt. Die mechanische Prüfung dient dem Nachweis der genügenden mechanischen Festigkeit eines Betriebsmitteln und wird durch eine Stoßprüfung bzw. eine Fallprüfung bewiesen. Geprüft werden die Gehäuse, Schauscheiben, Gitter und Abdeckungen; dabei wird nach zwei Arten unterschieden, nämlich nach tragbaren und befestigten Betriebsmitteln.

Bei der Fallprüfung eines *tragbaren* Betriebsmittels – wie Handlampen usw. – wird das betriebsfertige Gerät aus einer Höhe von 1 m auf eine flache Oberfläche aus Beton fallen gelassen.

Die Stoßprüfung an *befestigten* Betriebsmittel wird am vollständig montierten und betriebsbereiten Gerät durchgeführt.

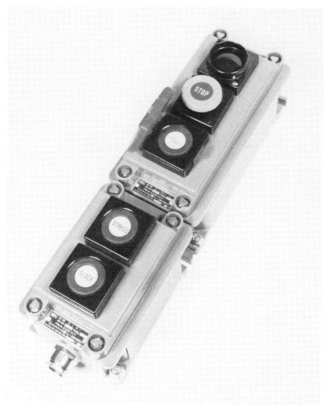

Bild 44. Drucktasterkombination mit (Ex) d-Drucktastersockeln im (Ex) e-Schutzgehäuse

Sie erfolgt an *zwei* Mustern, wobei jedes Muster *zweimal* an derselben Stelle geprüft wird. Dies ist ein wichtiger und entscheidender Unterschied zur alten VDE-Bestimmung, denn danach wurden zwei Muster nur je *einmal* geprüft.

Um die Fall- und Stoßprüfung (**Bild 45**) nach der Europanorm EN zu bestehen, dürfen an den geprüften Betriebsmitteln keine Schäden auftreten, die die Zündschutzart beeinträchtigen, d. h., die mechanische und elektrische Funktion muß voll erhalten bleiben.

Der Punkt, auf dem der Stoß erfolgt, wird von der Prüfstelle dort gewählt, wo ihr das Gerät am schwächsten erscheint. Das zu prüfende Betriebsmittel wird der Einwirkung einer aus einer Höhe herabfallenden Prüfmasse von 1 kg ausgesetzt. Dabei wird die folgende Beziehung zugrunde gelegt:

$$\frac{h}{m} = \frac{\dfrac{E}{\text{Joule}}}{10}.$$

Bild 45. Stoßprüfeinrichtung

Je nach Art des zu prüfenden Gerätes oder des zu prüfenden Teiles ergeben sich verschiedene Werte für die Höhe h gemäß nachstehender Tabelle **(Bild 46)**.
Die Prüfung wird bei einer Umgebungstemperatur von 20 °C ± 5 °C durchgeführt.
Bei Kunststoffgehäusen erfolgt die Prüfung bei einer Temperatur, die um mindestens 10 K über der Betriebstemperatur liegt, mindestens aber 50 °C betragen muß.
Eventuell kann die Prüfstelle auch an einem anderen Muster eine Prüfung bei −25 °C ± 5 °C vornehmen.

Stoßprüfungen

	Schlag-Energie E (Joule)			
Gruppe	I		II	
Grad der mechanischen Gefahr	hoch	niedrig	hoch	niedrig
1. Schutzvorrichtungen, Schutzdeckel, Schutzhauben der Lüfter, Kabeleinführungen				
2. Gehäuse aus Kunststoff				
3. Gehäuse aus Leichtmetall-Legierung oder aus Gußeisen	20		7	4
4. Gehäuse aus einem anderen Werkstoff als unter 3 mit einer Wanddicke von: – weniger als 3 mm, für die Gruppe I – weniger als 1 mm, für die Gruppe II				
5. Lichtdurchlässige Teile ohne Schutzvorrichtung	10		4	2
6. Lichtdurchlässige Teile mit Schutzvorrichtung (ohne Schutzvorrichtungen prüfen)	4		2	1

Ein elektrisches Betriebsmittel, das mit dem niedrigen Grad der mechanischen Gefahr geprüft ist, muß mit dem Zeichen X gemäß Abschnitt 26.2 (9) gekennzeichnet werden

Bild 46. Tabelle für Stoßprüfungen

Wird ein Betriebsmittel, das für den Einsatz im Inneren von Räumen gedacht ist, entsprechend gekennzeichnet, so genügt eine Prüfung bei einer unteren Temperatur von –5 °C $\pm$ 2 °C.

3.2.1.2 Thermische Prüfung
Die thermische Prüfung besteht aus drei Teilprüfungen:
– Temperaturmessung,
– thermische Beständigkeitsprüfung,
– Schockprüfung.
Temperaturmessungen sind mit Nennwerten und der ungünstigsten Spannung $U_N \pm 10\,\%$ durchzuführen. Bei Betriebsmitteln, die einzeln thermisch geprüft werden, darf die Temperatur, die auf dem Betriebsmittel angegeben ist, nicht überschritten werden.
Ein Betriebsmittel besteht die Prüfung der thermischen Beständigkeit, wenn sich nach vierwöchiger Lagerung bei einer relativen Feuchte von 90 % und einer Temperatur um 20 K über Betriebstemperatur, mindestens aber 80 °C, keine Beeinträchtigung der Zündschutzart ergibt, oder eine 24stündige Lagerung bei –30 °C ohne Beeinträchtigung übersteht.

Teile aus Glas müssen bei der höchsten Betriebstemperatur ohne Bruch einen thermischen Schock aushalten, bei dem ein Wasserstrahl von 10 °C ± 5 °C auf sie gespritzt wird.

3.2.1.3 Prüfung des Oberflächenwiderstandes von Kunststoffgehäusen
Ist der Oberflächenwiderstand von Kunststoffgehäusen $> 10^9$ Ohm, sind keine Gefahren durch elektrische Aufladungen zu erwarten. Ist der Oberflächenwiderstand dagegen $< 10^9$ Ohm, ist durch genaue Messung zu prüfen, ob unter extremen Betriebsbedingungen der Widerstand sicher unter 10^{11} Ohm liegt. Ist das erfüllt, brauchen keine Schutzmaßnahmen durchgeführt werden.

3.2.2 *(Ex)e-Klemmenkästen und Abzweigdosen*
Bei diesen Betriebsmitteln sind in die Schutzgehäuse selbständig bescheinigte (U-Bescheinigung) (Ex)e-Klemmen eingebaut. Diese sind so ausgebildet, daß sich der Kontakt an der Anschlußstelle durch Erwärmung, Erschütterung oder Veränderung von Isolierstoffen infolge Alterung nicht verschlechtert.
Auch für die Abstände zwischen den spannungsführenden Teilen und Gehäusewandungen für Luft- und Kriechstrecken gelten besondere – über die normalen Abstände hinausgehende – Werte.
Als Schutz gegen Wasser und Staub ist mindestens die Schutzart IP 54 nach IEC 144 einzuhalten **(Bild 47)**.

3.2.3 *(Ex)e-Motoren*
Für die Anwendung der Zündschutzart erhöhte Sicherheit auf Drehstrommotoren mit Käfigläufer und Synchronmotoren mit Anlaufkäfig ist eine Mindest-Auslösezeit für die Schutzeinrichtung festgelegt. Das Entstehen einer Zündquelle wird nicht nur

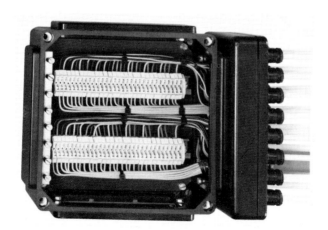

Bild 47.   Klemmenkasten mit eingebauten (Ex) e-Klemmen

im normalen Betrieb, sondern auch bei besonderen Betriebsbedingungen, wie bei Schweranlauf oder im Störungsfall, durch eine geeignete Überstrom-Schutzeinrichtung verhindert.

Der gefährlichste Störungsfall tritt auf, wenn ein Motor nach mehrstündigem Betrieb mit voller Nennleistung seine Dauerbetriebserwärmung erreicht hat und der Läufer infolge einer Störung unter Spannung stehend blockiert wird. Bei festgebremstem Läufer nimmt der Motor einen erhöhten Strom vom Vielfachen seines Nennstromes auf. In den Motorenlisten sind die Werte hierfür in der mit I_A/I_N bezeichneten Spalte angegeben. Bei blockiertem Läufer können die Ständerwicklung und die Läuferwicklung in kurzer Zeit so hohe Temperaturen annehmen, daß die Grenztemperaturen der Temperaturklasse, für die der Motor zugelassen ist, überschritten wird. Für diesen Fall wird vom Hersteller durch Prüfung oder, bei Motoren großer Leistung, durch Rechnung die »Zeit t_E« ermittelt. Sie muß so lang sein, daß die Überstrom-Schutzeinrichtung den Motor bei festgebremstem Läufer innerhalb dieser Zeit abschalten kann.

Am Ende der Zeit t_E dürfen die Wicklungen die in DIN EN 50 014 angegebenen Grenztemperaturen für die einzelnen Temperaturklassen nicht überschreiten. An dem in **Bild 48** dargestellten Beispiel ist der Temperaturverlauf eines Motors im Störungsfall »Blockieren des Läufers« erläutert.

Ein Motor in Zündschutzart erhöhte Sicherheit hat aufgrund der Temperaturklasse, für die er zugelassen ist, nach **Bild 48** die Grenztemperatur C. In einem Raum mit der höchstzulässigen Umgebungstemperatur A hat er nach längerem Betrieb t (1) mit den Nenndaten seine Temperatur im Nennbetrieb B erreicht (1). Beim Wieder-

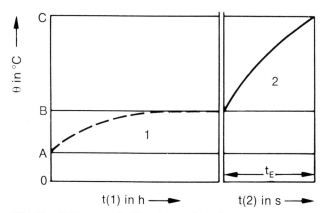

Bild 48.   Erläuterung der Berechnung der Zeit t_E
A   höchste zulässige Umgebungstemperatur
B   Temperatur im Nennbetrieb
C   Grenztemperatur
t Zeit
θ Temperatur
1   Erwärmung im Nennbetrieb
2   Erwärmung bei festgebremstem Motor

einschalten nach einer kurzen Unterbrechung, bei der sich der Motor nicht abkühlen konnte, blockiert der Läufer. Infolge des jetzt fließenden hohen Anlaufstromes steigen die Temperaturen in den Wicklungen steil an (2). Die Zeit t (2), innerhalb der die für die Temperaturklasse zugelassene Grenztemperatur C erreicht wird, gilt als Zeit t_E. Diese Zeit muß für den Läufer und den Ständer bei Typenprüfung ermittelt werden; die kürzere der beiden Zeiten gilt als Zeit t_E des Motors. Die Werte für das Verhältnis Anlaufstrom I_A zu Nennstrom I_N und die Zeit t_E sind in der Zulassungsbescheinigung des Motors vermerkt und müssen auf dem Prüfschild angegeben werden.

Die Überstrom-Schutzeinrichtungen für Motoren mit Käfigläufer sind so auszuwählen, daß die Abschaltung innerhalb der Zeit t_E beendet ist. Die Auslösezeit ist in jedem Fall bei der Auswahl der Schutzeinrichtung aufgrund ihrer Auslösekennlinie zu überprüfen. Im allgemeinen werden in den Listen für Motorschutzschalter von den Herstellern zwei Kennlinien angegeben, ausgehend vom kalten und vom warmen Zustand. Der Überprüfung in bezug auf die Zeit t_E ist die Kennlinie, ausgehend vom kalten Zustand, zugrunde zu legen. Damit schließen die Bestimmungen den ungünstigen Fall ein, daß sich der Motor während einer kurzen Betriebsunterbrechung praktisch nicht abkühlt, während sich die Temperatur der Bimetalle des Auslösers schon merklich vermindert hat.

Die Kennlinien sollen die Auslösezeiten, ausgehend vom kalten Zustand bei einer Umgebungstemperatur von 20 °C, in Abhängigkeit vom 3- bis 8fachen Nennstrom darstellen. Die angegebenen Stromwerte müssen mit einer Genauigkeit von ± 20 % eingehalten werden. Die thermischen Relais müssen daher einer besonderen Stückprüfung unterzogen werden.

In **Bild 49** ist die Kennlinie eines thermischen Relais mit einem Beispiel für die Überprüfung angegeben. Das auf den Nennstrom des Motors eingestellte Relais löst bei 7,4fachem Nennstrom in einer Zeit aus, die kürzer als die Zeit t_E des Motors ist. Das Relais ist zum Schutz des Motors geeignet.

3.2.4 (Ex)e-Leuchten

In explosionsgefährdeten Betriebsstätten sind vorwiegend Glühlampen, Mischlichtlampen, Hochdrucklampen und Niederspannungsleuchtstofflampen in ihren jeweils spezifischen Leuchtkörpern eingesetzt.

Bei elektrischen Leuchten in der Zündschutzart »erhöhte Sicherheit« müssen die Einzelteile, wie Lampe, Lampenfassung, Vorschaltgerät, Schutzglas und Schutzkorb, ja sogar die Anschlußleitungen, in die Schutzmaßnahme mit einbezogen werden.

So muß bei großen Lampenfassungen (E 27/E 40) **(Bild 50)** die Stromübertragung über gefederte Kontaktglieder derart stattfinden, daß beim Ein- und Ausschrauben der Stromfluß bzw. die Unterbrechung nur innerhalb eines druckfest gekapselten Raumes geschieht.

Bei kleineren Lampenfassungen (E 10-E 14) gilt der ordnungsgemäße Sitz eingeschraubter Sockel als genügend durchschlagsicher. Die Gewindefassungen müssen

Bild 49. Auslösekennlinie des thermischen Relais vom kalten Zustand aus
Zeit t des zu schützenden Motors 11 s
I_A/I_N des zu schützenden Motors 7,4

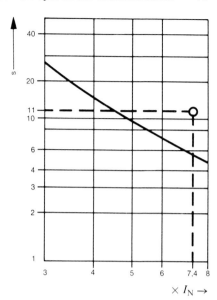

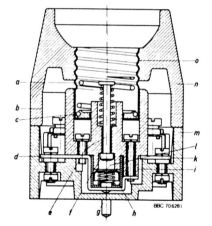

Bild 50. Schnitt durch eine explosionsgeschützte Schraubfassung mit Edison-Gewinde E 27

a Lockerungsfeder
b gesicherte Klemme
c Spaltlänge: > 5 mm
  Spaltweite: < 0,5 mm
d Mittelkontaktschiene
e Spaltlänge: > 5 mm
  Spaltweite: < 0,5 mm
f gefederter Mittelkontakt

g Schrauben für bruchsichere Befestigung
h druckfest gekapselte Kontaktkammer
i Fassungsstein (Calit)
k Seitenkontaktschiene
l Silberkontakt
m Sockel (Porzellan)
n Schutztrichter (Porzellan)
o Versilberte Fassungshülse, Wanddicke mindestens 0,5 mm mit Lampensockel, Spaltweite: < 0,5 mm

im Augenblick der Kontakttrennung noch mindestens zwei vollständige Gewindegänge im Eingriff haben.

Bei Fassungen für Einstift-Leuchtstofflampen sollen diese so gestaltet sein, daß die Kontakte beim Herausziehen des Sockelstiftes nach einer Weglänge von 3 mm getrennt werden. Der Kontaktraum darf im Augenblick der Kontakttrennung nicht größer als 1 cm^3 sein.

Die Frage der Beherrschung der zulässigen Grenztemperatur stellt bei allen Lampen ein schwieriges Problem dar. Allein der umhüllende Glaskolben verhindert, daß explosible Gemische an den Leuchtkörper herankommen. Durch geeignete Maßnahmen muß dafür gesorgt werden, daß ein Zubruchgehen des Glaskolbens sehr unwahrscheinlich wird. Es ist dann von untergeordneter Bedeutung, welche Temperatur am Leuchtkörper herrscht, maßgebend ist nur, welche Temperatur der Glaskolben hat. Diese ist davon abhängig, welchen Abstand der Leuchtkörper von der Kolbenwand hat, wobei im Kolben die Wärmekonvektion berücksichtigt werden muß. Diese ist aber wiederum abhängig von der Kolbenform und dessen Größe, von der Abmessung und der Lage des Leuchtkörpers im Kolben und von der Lampenfüllung **(Bild 51)**.

3.3 Baukonzept der Zündschutzart Überdruckkapselung »p«

Bei der Zündschutzart Überdruckkapselung werden zwei Ausführungen unterschieden:
– Überdruckkapselung mit ständiger Durchspülung,
– Überdruckkapselung mit Ausgleich der Leckverluste.

Bei beiden Ausführungsarten gilt, daß das Gehäuse des Betriebsmittels mit allen zugehörigen Rohrleitungen vor der Inbetriebnahme mit Zündschutzglas in einer Menge, die dem fünffachen Volumen der Kapselung entspricht, durchzuspülen ist und daß während des Betriebs die Überdruckhaltung überwacht und bei Ausfall des Überdrucks ein Warnzeichen gegeben oder abgeschaltet wird.

Zur Überwachung der Durchspülung wird üblicherweise ein Strömungswächter in Verbindung mit einem Zeitrelais verwendet. Das Zeitrelais läuft mit Beginn der Durchspülung an und gibt die Einschaltung der im Gehäuse eingebauten Betriebsmittel frei, sobald die geforderte Zündschutzgasmenge durchgeströmt ist. Bei Ausfall der Durchspülung oder bei Abfall des Überdruckes im Betrieb schließen der Strömungswächter oder ein Manometer einen Kontakt, der zur Abschaltung oder zum Auslösen eines Warnsignals verwendet wird.

Die Kapselung des Betriebsmittels muß mindestens der Schutzart IP 40 nach DIN 40 050 entsprechen. Sie muß das Austreten von Flammen, Funken oder zündfähigen Partikeln in den explosionsgefährdeten Bereichen verhindern **(Bild 51 A)**.

3.4 Baukonzept der Zündschutzart Eigensicherheit »i«

Der Buchstabe »i« des Kurzzeichens entspricht dem Anfangsbuchstaben der in England zuerst geführten und mit »intrinsic safety« bezeichneten Zündschutzart. Die

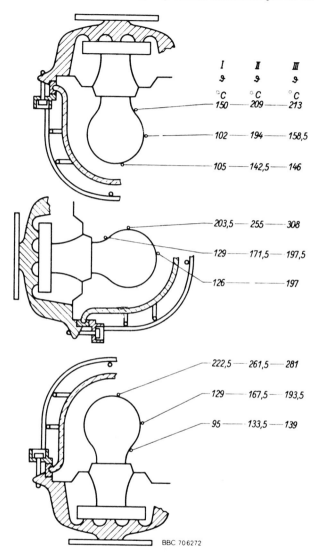

Bild 51. Oberflächentemperaturen von Glühlampen an jeweils drei Meßstellen bei verschiedener Lage der Lampen
I   Lampe mit 40 W Leistung:
     Doppelwendel, innenmattierte Ausführung
II   Lampe mit 100 W Leistung:
     Doppelwendel, innenmattierte Ausführung
III Lampe mit 200 W Leistung:
     Doppelwendel, ohne Glimmerteller

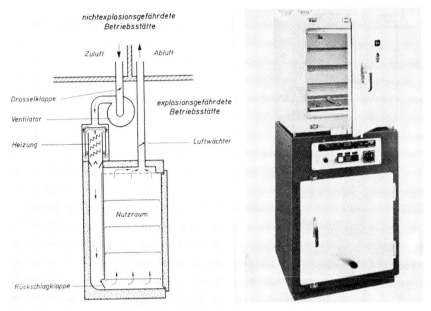

Bild 51A. Labortrockenofen in Zündschutzart »p«

Zündschutzart Eigensicherheit wird im besonderen, jedoch nicht ausschließlich, für Betriebsmittel, Stromkreise und Systeme der Elektronik verwendet **(Bild 52)**. Die eigensicheren elektrischen Betriebsmittel werden aufgrund der Sicherheit, die sie im Normalbetrieb oder unter bestimmten Fehlerbedingungen gegen das Einleiten der Zündung eines explosionsfähigen Gemisches gewährleisten, in die Kategorien »ia« oder »ib« eingeordnet. Durch besondere Maßnahmen wird bei den in der Zündschutzart Eigensicherheit ausgeführten, mit kleinen Strömen und Spannungen arbeitenden elektrischen Betriebsmitteln sichergestellt, daß bei Kurzschluß oder bei Unterbrechung des Stromkreises die Zündenergie eines sich bildenden Funkens nicht zur Zündung einer explosionsfähigen Atmosphäre ausreicht. Die besonderen Maßnahmen bestehen beispielsweise in:
– der Ausführung der Schaltung von eigensicheren Stromkreisen derart, daß der Ausfall eines Bauteils die Eigensicherheit nicht beeinträchtigt;
– der doppelten Anordnung technisch gleichwertiger Bauteile, die die Eigensicherheit in Stromkreisen bestimmen, wobei jedes Bauteil allein die Eigensicherheit und die Aufrechterhaltung des Betriebes gewährleistet;
– der Verwendung von Halbleiter-Bauelementen nur mit verminderter Belastung;
– den besonderen Anforderungen an Transformatoren;
– den verkürzten Luftstrecken, Kriechstrecken und Abständen im Verguß;
– der getrennten Führung von eigensicheren und nicht eigensicheren Stromkreisen **(Bild 52 A und Bild 52 B)**.

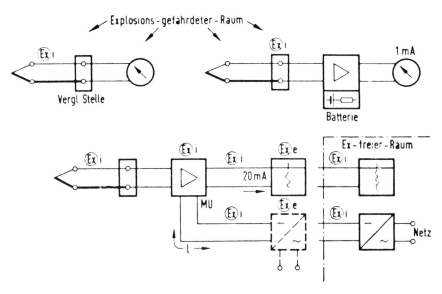

Bild 52. Installationsmöglichkeiten im explosionsgefährdeten und explosionsfreien Raum

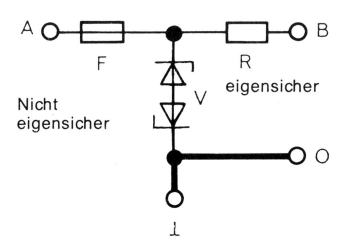

Bild 52A. Prinzipschaltbild einer Zenerbarriere

Bild 52B. Zenerbarriere auf Profilschiene

Die Typenprüfung eigensicherer elektrischer Stromkreise geschieht mit Hilfe eines Funkenprüfgerätes in einer Prüfkammer, die mit dem der Gruppe des Stromkreises und ihrer Unterteilung zugeordneten Prüfgasgemisch gefüllt ist. Die Kontakte des Funkenprüfgerätes öffnen und schließen den zu prüfenden Stromkreis. Die Prüfung gilt als bestanden, wenn bei 1000 Schaltungen in einem Wechselstromkreis die entstehenden Schaltfunken das Prüfgasgemisch nicht zünden (**Bild 53**).

3.5   Baukonzept der Zündschutzart Ölkapselung »o«

Diese Zündschutzart wird hauptsächlich für Schaltgeräte und Transformatoren eingesetzt. Bei derartigen Schaltgeräten wird der Schaltlichtbogen unter Öl gezogen und kommt deshalb nicht mit dem explosiblen Gemisch in Berührung. Neben der Gewährleistung ausreichenden Ölstandes in allen betriebsmäßigen Lagen des Schaltgerätes ist die Verwendung von geeignetem Öl wichtig, das sich unter der Beanspruchung durch den Schaltlichtbogen nicht zersetzen darf. Außerdem ist durch ausreichende Bemessung der Ölfüllung dafür zu sorgen, daß das Schaltgerät keine zu hohe Temperatur annimmt.
Schaltgeräte in Zündschutzart Ölkapselung waren in der chemischen Industrie weit verbreitet zum Schalten von Motoren vor Ort (siehe **Bild 54**). Ihre Bedeutung ist durch den Übergang zu Fernschaltungen und die Zunahme der Zahl der Verriegelungen so weit zurückgegangen, daß ölgekapselte Schalter heute nur noch in Ausnahmefällen eingesetzt werden. Darüber hinaus dürfen Ölschalter nicht an ortsveränderlichen Geräten angebaut werden. Auch erfordern sie einen höheren Wartungs-

Bild 53. Prüfgerät für eigensichere Stromkreise

aufwand, und die Instandsetzung ist erschwert, weil der Ölkasten vor Beginn entfernt werden muß. Dies ist innerhalb der Betriebsstätte oft unerwünscht. Als Einzelschaltgeräte, insbesondere bei Einsatz im Freien, sind ölgekapselte Schaltgeräte aber auch heute noch oft die wirtschaftlichse Lösung.

3.6   Sandkapselung »q«

Wie eingangs erwähnt, besteht diese neue Zündschutzart darin, daß durch Füllung des Gehäuses eines elektrischen Betriebsmittels mit feinkörnigem Füllgut erreicht

Bild 54. Anlage mit am Betriebsort geschalteten Motoren, Schaltgerät (Ex) »o«

wird, daß im Betrieb ein in seinem Gehäuse entstehender Lichtbogen die umgebende explosionsfähige Atmosphäre nicht zündet. Für das Gehäuse ist dabei die Schutzart IP 54 verlangt, und für die Füllung sind bestimmte Anforderungen zu erfüllen. Bei Verwendung von Quarz müssen folgende Siebgrenzwerte eingehalten werden:
– obere Grenze: 1,6 mm,
– untere Grenze: 250 µm.

Das Füllgut darf beim Einfüllen nicht mehr als 0,1 % seines Gewichtes an Wasser enthalten und muß so rein sein, daß es die geforderte elektrische Durchschlagfestigkeit besitzt. Zudem ist eine Mindestsicherheitshöhe zwischen der freien Oberfläche und dem nächstliegenden, unter Spannung stehenden Teil verlangt. Für Spannungen bis 1500 V darf sie nicht kleiner als 30 mm und für Spannungen über 1500 V nicht kleiner als 50 mm sein.
Bei dieser Zündschutzart sind bei der Kennzeichnung zusätzlich folgende Angaben verlangt:
– Lichtbogendaten, d. h. größter zulässiger Strom I_a, und
– Standzeit t.

Bekannteste Anwendungsbeispiele sind Kondensatoren, die in dieser Zündschutzart am wirtschaftlichsten hergestellt werden können. So gibt es Kondensatoren zur Blindstromkompensation von Entladungslampen sowie Anlaß- und Betriebskon-

densatoren zum Betrieb von Einphasen-Wechselstrommotoren, ja sogar Funk-Entstörkondensatoren, die in dieser Zündschutzart gebaut werden.
Neben den vorgenannten Kondensatoren werden aber auch Transformatoren und Vorschaltgeräte für Leuchtstofflampen nach diesem Baukonzept gefertigt; erstere ganz besonders in der UdSSR.

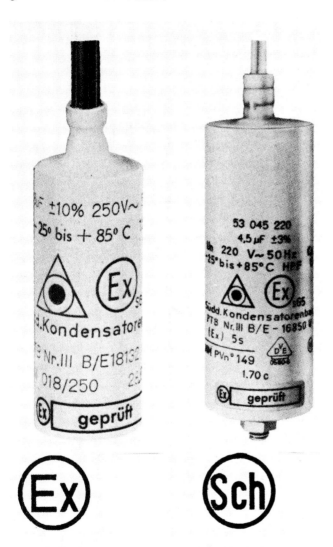

Bild 54 A.   Explosionsgeschützte Motor-Anlaß- und Betriebs-Kondensatoren

3.7 Vergußkapselung »m«

Für diese neueste Zündschutzart auf dem Gebiet explosionsgeschützter Betriebsmittel liegt bis jetzt nur ein Entwurf DIN EN 50 028/VDE 0170/0171 Teil 9 vor. Obwohl das Prinzip der Vergußkapselung »m« in der Bundesrepublik Deutschland seit vielen Jahren im Rahmen des Sonderschutzes »s« angewendet wird, wäre es falsch anzunehmen, daß sämtliche bisher nach dem Prinzip des Sonderschutzes zugelassenen Geräte auch eine Zulassung nach EN 50 028/VDE 0170/0171 Teil 9 bekommen. Der vorliegende Entwurf enthält z. B. die Auswahl, die Schichtdicke und die Haftfestigkeit der Vergußmasse an Teilen, die nicht vollständig vergossen sind. Ferner sind Festlegungen hinsichtlich der Fehleranfälligkeit einzubauender Bauteile enthalten und genaue Angaben über die Temperaturbegrenzung, die Mindestabstände blanker spannungsführender Teile sowie über die Kriechstrecken auf der Oberfläche der Vergußmasse gemacht. Einen breiten Raum nehmen auch die verschiedensten Prüfungen ein, um nur einige hier aufzuführen.
Eine detaillierte Behandlung dieser Zündschutzart würde den Rahmen dieses Vortrages überschreiten und andererseits einer endgültigen Inkraftsetzung vorgreifen.

4 Einsatz von Kunststoffen in der Explosionsschutztechnik

Der Verwendung von Kunststoffen für sicherheitsrelevante mechanische Bauteile steht man in vielen Teilen der Erde noch skeptisch gegenüber. Die Ursache für diese Skepsis ist häufig durch persönliche Erfahrungen mit spröden, zerbrechlichen Kunststoffen zu suchen. Bei richtiger Auswahl und Verarbeitung sind Kunststoffe aber für viele Anwendungszwecke technisch und wirtschaftlich anderen Werkstoffen überlegen. Einige Auswahlkriterien sollen hier erwähnt werden.
Für hohe mechanische Beanspruchung in Grubenbauten oder geschlossenen Räumen (keine tiefen Temperaturen), hohe Schlagzähigkeit und hervorragende Form- und Korrosionsbeständigkeit eignet sich insbesondere **Polyamid**.
Es verbindet den Vorteil hoher Schlagzähigkeit mit relativ niedrigem Oberflächenwiderstand. Nach kurzem Gebrauch in einer Kohlengrube liegt er in der Größenordnung von 10^9 bis 10^{10} Ohm. Bei tiefen Temperaturen sinkt die Schlagzähigkeit jedoch steil ab. Das Material versprödet bei Einwirkung stärkerer Säuren. Polyamid hat sich z. B. bei hunderttausenden von Bergmanns-Kopfleuchten und Handleuchten in chemischen Betrieben seit drei Jahrzehnten hervorragend bewährt.
Sind tiefe Umgebungstemperaturen bis −50 °C oder Säureeinwirkungen zu erwarten, so ist **Polycarbonat** vorzuziehen. Es ist allerdings teurer, schwieriger zu verarbeiten, verträgt kaum metallische Einlegeteile, die umspritzt werden, und sein Oberflächenwiderstand liegt über 10^{12} Ohm.
Seine Schlagzähigkeit und Formbeständigkeit sind hervorragend. Es hat sich als Gehäusewerkstoff für lichtdurchlässige Teile von Leuchten für Leuchtstofflampen, für Gehäuse von Handleuchten und für Meßgeräte in der chemischen Industrie sehr gut

bewährt, ist aber nicht für Ammoniakbetriebe geeignet, wo Polyamid oder Acry-linitril-Mischpolymerisate als lichtdurchlässige Teile sich bewähren.
Für sehr hohe Formsteifigkeit, also insbesondere für Gehäuse größerer Abmessungen, hat sich **glasmattenverstärktes Polyester** sowohl im Bergbau als auch in der gesamten chemischen Industrie ausgezeichnet bewährt. Seine Korrosionsbeständigkeit ist kaum zu übertreffen. Millionen von explosionsgeschützten Leuchten, Abzweigdosen und Verteilerkästen in der Zündschutzart »erhöhte Sicherheit« mit Gehäuse aus glasmattenverstärktem Polyester haben sich weltweit im Einsatz seit mehr als zehn Jahren bewährt. Die Schlag- und Zugfestigkeit des Materials ist aber bei einwandfreier Verarbeitung vom Einlegen und Pressen der vorimprägnierten Glasmatten so hoch, daß dieser Werkstoff durchaus für druckfeste Gehäuse in Frage kommt.
Für kleinere Abmessungen oder geringere Ansprüche an die Formsteifigkeit und Formgenauigkeit kann durchaus auch **Niederdruckpolyäthylen** und **Polypropylen** ein geeigneter Werkstoff sein. Auch **Acrylinitril-Mischpolymerisate**, wie z. B. Acry-linitril-Butadien-Styrol (ABS), kann durchaus als Werkstoff in Frage kommen, wenn z. B. gute Formsteifigkeit bei hoher Umgebungsfeuchte gefordert wird.
Natürlich kann hier kein vollständiger Überblick über alle möglichen Kunststoffanwendungen im Explosionsschutz gegeben, sondern es konnten nur die wichtigsten genannt werden.
Um die Zuverlässigkeit bei der Kunststoffanwendung zu sichern, haben die zuständigen CENELEC-Komitees in den letzten Jahren ergänzende Vorschriften für die Europäischen Normen ausgearbeitet. In EN 50 014 Änderung 3 werden die ergänzenden Vorschriften für Kunststoffgehäuse aller Zündschutzarten festgelegt, in EN 50 018 Änderung 2 A die besonderen Anforderungen an druckfeste Kunststoffgehäuse. Damit sind auch für die Prüfstellen klare Voraussetzungen für die Prüfung von Kunststoffgehäusen geschaffen.

4.1 Werkstoffe für druckfeste Kapselung »d«

Die Werkstoffe für druckfeste Gehäuse müssen so gewählt werden, daß sie bei geeigneter Formgebung den bei einer Explosion im Inneren auftretenden Drücken hinsichtlich des Druckmaximums und des zeitlichen Druckverlaufs gewachsen sind. Absolute Druckhöhe und zeitlicher Druckverlauf hängen im wesentlichen von drei Faktoren ab:
- von der Zusammensetzung der explosionsfähigen Atmosphäre im Gehäuse,
- vom Volumen des Gehäuses,
- von der Formgebung des Gehäuses.

Für große druckfeste Gehäuse kommt praktisch nur Stahl in Betracht. Für mittlere Größen muß man abwägen, ob Stahl, Grauguß oder Leichtmetallguß zweckmäßiger ist. Bei kleineren Gehäusen bis etwa 2 l wird auch Kunststoff mit in die Betrachtung einbezogen, weil dieser gut für korrosionsgefährdete Umgebungen geeignet ist, wie sie in der chemischen Industrie häufig vorkommen.

Der maximale Explosionsdruck herkömmlicher Brenngase und brennbarer Dämpfe beträgt 7 bis 8 bar, der von Acetylen etwa 10 bar. Für eine erste annähernde Berechnung druckfester Gehäuse – ab einem Volumen von 1 l aufwärts – wird deshalb ein statischer innerer Überdruck von 15 bar angenommen und so dimensioniert, daß bei diesem Druck die Streckgrenze des vorgesehenen Werkstoffes nicht überschritten wird. Bei solcher Dimensionierung besteht das Gehäuse fast immer die Explosionsprüfungen, es sei denn, daß ein ausgesprochen sprödes Material verwendet wird, das durch raschen Druckanstieg zerstört werden kann, oder daß es sich um ein Gehäuse mit kammerartiger Unterteilung handelt, bei dem es zu sich fortpflanzenden Teilexplosionen kommt, die durch Vorkompression zu wesentlich höheren Maximaldrücken führen. Werden Kunststoffe als Werkstoff für druckfeste Gehäuse verwendet, so sind bei der Typprüfung auch Explosionsversuche nach Alterung durch feuchte Wärmelagerung durchzuführen (EN 50 014 Änderung 3 [3] und EN 50 018 Änderung 2a [4]) (**Bild 55**).

4.2   Werkstoffe für andere Zündschutzarten

Eine Reihe von Anforderungen sind generell an alle Gehäuse und Gehäusewerkstoffe für explosionsgeschützte Betriebsmittel zu stellen. Sie sind unabhängig von der

Bild 55. Druckfestes Kunststoffgehäuse mit eingebauten Automaten

angewandten Zündschutzart zu erfüllen. Zusätzlich müssen die speziellen Anforderungen der jeweiligen Zündschutzart für Gehäuse und Einbauteile beachtet werden.
Zur Auswahl der Gehäusewerkstoffe müssen die Umgebungsbedingungen, unter denen das Betriebsmittel einsetzbar sein soll, bekannt sein, insbesondere hinsichtlich:
– Temperaturbereich,
– Luftfeuchtigkeit,
– Wasser- und Staubbelastung,
– mechanischer Stoß- und Schlagbeanspruchung,
– Korrosion,
– Auftreten spezieller Gase und Dämpfe.

Sind diese Einsatzbedingungen ganz oder teilweise unbekannt, z. B. bei einem weltweit in verschiedensten Fabrikationsbetrieben eingesetzten Serienprodukt, dann legt der Konstrukteur die Umgebungsbedingungen fest, unter denen das Betriebsmittel verwendet werden darf, und teilt sie dem Anwender durch die entsprechenden Aufschriften, Prüfscheinvermerke und Bedienungsanweisungen mit, so daß der Anwender prüfen kann, ob das Betriebsmittel für seine Umgebungsbedingungen geeignet ist.

In den Europäischen Normen hat man aufgrund langjähriger Erfahrungen für die Umgebungsbedingungen Regelgrenzwerte festgelegt, die normalerweise einzuhalten sind, von denen aber bei Bedarf unter entsprechendem Hinweis abgewichen werden darf. Sie betragen für die:

● Temperatur
  – 20 °C bis + 40 °C im Freien,
  – 5 °C bis + 40 °C in Gebäuden,
● Luftfeuchtigkeit
  bis 90 %,
● Wasser- und Staubschutz abhängig von der Zündschutzart
  IP 30 bis IP 54,
● mechanische Stoß- und Schlagbeanspruchung
  1 J bis 20 J, je nach Art des Gerätes.

Schutzmaßnahmen gegen Korrosion und Angriff chemischer Agenzien sind zwischen Betreiber und Hersteller abzusprechen, da sie außerordentlich verschiedenartig sein können.
Grenzen für den Einsatz von Werkstoffen können auch durch andere Gefahren gezogen werden:
– bei Leichtmetallen durch Schlagfunkenbildung,
– bei Kunststoffen durch elektrostatische Aufladung.

Diese Gefahren können eingegrenzt werden:
– bei den Leichtmetallen, indem Legierungen mit weniger als 6 % Magnesiumgehalt verwendet werden;

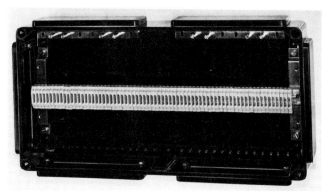

Bild 56. (Ex) e-Klemmenkasten aus glasfaserverstärktem Polyester

– bei besonderer mechanischer Gefährdung, wie im Bergbau, durch Legierungen, die insgesamt nicht mehr als 15 % Al, Ti und Mg enthalten; es hat sich auch bewährt, keine Leichtmetalle für tragbare Betriebsmittel und für solche, die im Handbereich montiert werden, zu verwenden.

Gehäuse aus Kunststoff **(Bild 56)** sollen so gebaut sein, daß bei bestimmungsgemäßem Gebrauch, bei der Wartung und der Reinigung Zündgefahren durch elektrostatische Aufladungen vermieden werden, z. B.:

– durch geeignete Ausbildung der Gehäuseoberflächen oder
– durch geeignete Wahl des Werkstoffs, so daß der Oberflächenwiderstand des Gehäuses nicht höher ist als:

1 GΩ bei 23 °C und 50 % relativer Feuchte oder

100 GΩ unter den extremen Betriebsbedingungen von Temperatur und Feuchtigkeit, die für die elektrischen Betriebsmittel vorgeschrieben sind,

oder wenn hinsichtlich der Abmessungen, der Form und der Anordnung oder infolge anderer Schutzmaßnahmen das Auftreten gefährlicher elektrostatischer Aufladungen nicht zu befürchten ist.

Wenn die Zündgefahr nicht durch die Gestaltung vermieden werden kann, muß ein Warnschild auf die Sicherheitsmaßnahmen hinweisen, die im Betrieb anzuwenden sind.

5   Prüf- und Bescheinigungsverfahren von explosionsgeschützten Betriebsmitteln

5.1   Gesetzliche Grundlagen

Nach der »Verordnung über elektrische Anlagen in explosionsgefährdeten Räumen (ElexV)« [5] – inkraftgetreten am 1. 7. 1980 – dürfen elektrische Betriebsmittel in

explosionsgefährdeten Bereichen nur in Betrieb genommen werden, wenn für sie eine *Baumusterprüfbescheinigung* vorliegt.
Die Physikalisch-Technische Bundesanstalt Braunschweig und die Bergbau-Versuchsstrecke Dortmund führen *auf Antrag des Herstellers* eines Betriebsmittels die zur Ausstellung einer Baumusterprüfbescheinigung notwendigen Untersuchungen als gebührenpflichtige Typenprüfung durch. Die nach erfolgreicher Prüfung ausgestellten Bescheinigungen (Prüfungsscheine, Konformitäts- und Kontrollbescheinigungen) sind Baumusterprüfbescheinigungen im Sinne der ElexV § 8; ausgenommen hiervon sind »U-Bescheinigungen« nach **Tabelle 2** (Hilfsbescheinigungen). Die Konformitäts- und Kontrollbescheinigungen sind darüber hinaus gleichzeitig Bescheinigungen gemäß Artikel 4 der EG-Ex-Rahmen-Richtlinie vom 18. 12. 1975 (76/117/EG), die vom Rat der Europäischen Gemeinschaften zum Zwecke des Abbaues technischer Handelshemmnisse erlassen worden ist.
Eine Bauartzulassung durch eine Landesbehörde für das Betriebsmittel ist nicht mehr erforderlich (Ausnahme: Zone-0-Betriebsmittel nach VbF [6]).

5.2 Technische Anforderungen (Normen)

Prüfbescheinigungen werden ausgestellt, wenn entsprechend der ElexV, der zugehörigen Verwaltungsvorschrift und der Bekanntmachung im Bundesarbeitsblatt die Anforderungen folgender einschlägiger und derzeit gültiger Normen (VDE-Bestimmungen) eingehalten sind:

● *VDE 0171/1.69* (alte nationale Norm) [7],
  gilt bis zum 1. 5. 1988,
● DIN EN 50 014/VDE 0170/0171 Teil 1/5.78 und folgende [1].

5.3 Prüfbescheinigungen für Zone 0, 1 und 2

Prüfbescheinigungen gelten normalerweise für den Einsatz elektrischer Betriebsmittel in explosionsgefährdeten Bereichen der *Zone 1*. Auf besonderen Antrag werden auch Prüfbescheinigungen für *Zone 0* ausgestellt und besonders gekennzeichnet. (Zoneneinteilung, DIN 57 165/VDE 0165/6.80 [2]).
Betriebsmittel für den Einsatz in *Zone 0* müssen neben den bereits genannten Normen noch zusätzlichen Anforderungen – die vom Sachbearbeiter der PTB zu erfragen sind – genügen (siehe dazu auch VDE 0171 Teil 12/...82 Entwurf 2 einer nationalen Norm [8]).
Prüfbescheinigungen werden *nicht* ausgestellt für elektrische Betriebsmittel, die nur für den Einsatz in *Zone 2* vorgesehen sind (siehe hierzu VDE 0165 Anhang A [2]).

5.4 Prüfungsunterlagen zur Erteilung der Prüfbescheinigung

Als *Prüfungsunterlagen* sind in *zweifacher Ausfertigung* – jeweils rechtsverbindlich unterschrieben und mit Datum und Firmenstempel versehen – einzureichen:
Beschreibung und *Zeichnung(en)* des Betriebsmittels mit Hervorhebung der für die

Tabelle 2. Kennzeichnung der Prüfbescheinigung nach VDE 0171/1.69 bzw. DIN EN 50 014/VDE 0170/0171/5.78 durch PTB Braunschweig

Prüfung nach Norm	VDE 0171/1.69 (gültig bis 1. 5. 1988)		VDE 0171 Teil 1 ... Teil 7/5.78 EN 50 014 ... EN 50 020	
Bezeichnung der Prüfbescheinigung	Prüfungsschein		Teilbescheinigung	Konformitäts-bescheinigung Kontroll-bescheinigung[3]
	Rahmen-bescheinigung »U«-Schein			
1 Bescheinigungsnummer[4] *ohne* Zusatzbuchstabe »B« oder »X«	–	PTB Nr. II B/M..... oder PTB Nr. III B/E.....	–	PTB Nr. Ex-../....
2 Bescheinigungsnummer[4] mit Zusatzbuchstabe »B«[1] »X«	–	PTB Nr. II B/M..... B oder PTB Nr. III B/E..... B	–	PTB Nr. Ex-../.... X
3 Bescheinigungsnummer mit Zusatzbuchstabe »U«[2]	PTB Nr. II B/M..... U oder PTB Nr. III B/E..... U	–	PTB Nr. Ex-../.... U	–
Anerkennung als *Baumusterprüfbescheinigung* nach § 8 ElexV	nein	ja	nein	ja

1) Bedeutung von »B« bzw. »X«:
Besondere Bedingungen in der Prüfbescheinigung beachten! Abdruck der Prüfbescheinigung muß beim Betreiber vorliegen, vgl. § 14 (2) ElexV.

2) Bedeutung von »U«:
Unvollständiges Betriebsmittel; Hilfsbescheinigung für Bauteile, Einbauteile usw. oder für Betriebsmittel, bei denen nur Teilprüfungen (z. B. nur die mechanische Ausführung) durchgeführt wurden (zur Ausstellung einer Baumusterprüfbescheinigung).

3) Betriebsmittel entspricht nicht den Normen, bietet jedoch mindestens gleichwertige Sicherheit.

4) Der Zusatzbuchstabe »S« kennzeichnet auf Prüfungsscheinen nach VDE 0171/1.69 Betriebsmittel mit eigensicheren Stromkreisen, die außerhalb explosionsgefährdeter Bereiche installiert werden müssen.
Der Zusatzbuchstabe »F« kennzeichnet Betriebsmittel, die zusätzlich funktionsgeprüft sind

Explosionssicherheit wichtigen Daten, z. B. Maße, Toleranzen, Werkstoffe, Spannungen, Ströme, Kriech- und Luftstrecken, Spaltlängen und Spaltweiten. Dabei ist insbesondere anzugeben, wie die Anforderungen der oben genannten Normen (siehe Kapitel 2) im einzelnen berücksichtigt worden sind.

Aus den Prüfungsunterlagen muß hervorgehen:
– nach welcher Norm das Betriebsmittel geprüft werden soll,
– welche Explosionsklasse und Zündgruppe nach VDE 0171/1.69 bzw. welche Explosionsgruppe und Temperaturklasse nach DIN EN 50 014/VDE 0170 0171/5.78 zugrundeliegt.

Zeichnungen sind bevorzugt als Zusammenstellungszeichnungen einzureichen; sie sind entsprechend DIN 824 auf »A4 für Ordner« zu falten. Auf den Zeichnungen sollte ein Platz für PTB-Stempel und Siegel (etwa 10 cm × 6 cm) freigelassen werden.

Falls Teile des Betriebsmittels (z. B. Klemmen, Leitungsdurchführungen) von anderen Herstellern stammen und dafür PTB-Prüfbescheinigungen (z. B. U-Scheine, siehe Tabelle 2) vorliegen, ist die Nummer der Bescheinigung anzuführen.

In *einfacher Ausfertigung* sind Unterlagen einzureichen, wie z. B. Werksprotokolle über elektrische und thermische Messungen, gegebenenfalls Nachweis über Antragsberechtigung, Kopien bereits vorhandener Prüfzertifikate anderer Prüfstellen u. ä.

5.5 Fabrikationsmuster

Für die Baumusterprüfung sind im allgemeinen ein oder mehrere *Fabrikationsmuster* einzureichen.

Diese Prüfmuster sind jedoch erst nach Klärung der technischen Fragen und *nach Aufforderung* durch die PTB einzusenden. Die Prüfmuster müssen z. T. mit den von dem jeweiligen PTB-Sachbearbeiter mitgeteilten Auflagen speziell vorbereitet werden.

Experimentelle Prüfungen, wie z. B. Explosionsprüfungen oder thermisch/elektrische Untersuchungen, werden im allgemeinen in den PTB-Laboratorien durchgeführt. Im eigenen Prüffeld vom Hersteller vorgenommene Messungen können dazu als Grundlage dienen.

Nach Absprache im Einzelfall können experimentelle Untersuchungen (im allgemeinen in Anwesenheit eines PTB-Beauftragten) bei der Herstellerfirma vorgenommen werden, wenn dort die notwendigen Meß- und Prüfeinrichtungen zur Verfügung stehen.

6 Ausblick

Der Rat der Europäischen Gemeinschaft hat am 18. 12. 1975 eine Rahmenrichtlinie für elektrische Betriebsmittel zur Verwendung in explosibler Atmosphäre erlassen, um Handelshemmnisse zwischen den Mitgliedsländern zu beseitigen. Hiermit war der erste Meilenstein in Richtung auf eine Harmonisierung der »Ex-Normen« in Europa gesetzt. Der CENELEC – in ihm sind außer den EG-Ländern auch noch Norwegen, Schweden, Finnland, Österreich, Schweiz, Spanien und Portugal vertreten – übernahm die Ausarbeitung der harmonisierten Normen, die in den meisten Ländern im Laufe des Jahres 1978 bereits als Europäische Norm DIN EN 50 014 bis DIN EN 50 020 in Kraft gesetzt wurden. Damit bestehen in all den vorgenannten Ländern gleiche Voraussetzungen zur *Herstellung* explosionsgeschützter Betriebsmittel. Vor allem der in der Bundesrepublik Deutschland entwikkelten Zündschutzart »erhöhte Sicherheit« als solche – und in Verbindung damit auch der Komponenten-Kapselung – wurde somit zum Durchbruch verholfen, und sie wird heute ebenso in Frankreich wie auch in Großbritannien – wo sie jahrelang diskriminiert worden ist – eingesetzt. Der Verfasser ist sicher, daß diese äußerst wirtschaftliche Zündschutzart in nicht allzu ferner Zukunft auch weltweite Anerkennung findet.

Wie schon erwähnt, betreffen die Normen DIN EN 50 014 bis DIN EN 50 020 jedoch nur die Herstellung, Prüfung und Zulassung von explosionsgeschützten Betriebsmitteln, nicht aber deren Errichtung. Hierfür fehlt bis jetzt eine harmonisierte Europäische Norm; jedoch wird hier auf IEC-Ebene an einer internationalen Installationsbestimmung gearbeitet (siehe DIN IEC 31(CO)43/VDE 0165 Teil 101/1.61 Entwurf 1 »Errichten elektrischer Betriebsmittel in gasexplosionsgefährdeten Bereichen«). Auf der letzten IEC-Sitzung des Technischen Komitees TC 31 im Oktober 1981 in Ford Lauderdale/Florida, USA wurde trotz Einwand einiger Mitgliedsländer empfohlen, die Bestimmungen als neuen IEC-Report zu veröffentlichen. Sicherlich werden noch einige Jahre vergehen, bis auch auf dem Gebiet der Errichtung von explosionsgeschützten Betriebsmitteln weltweit harmonisierte Bestimmungen in Kraft gesetzt sind, aber auch hier deutet sich an, daß unter Mitwirkung deutscher Experten ein tragbarer Kompromiß gefunden werden wird.

7 Schrifttum

[1]   DIN EN 50 014/VDE 0170/0171 Teil 1/5.78: Elektrische Betriebsmittel für explosionsgefährdete Bereiche, Allgemeine Bestimmungen
[2]   DIN 57 165/VDE 0165/6.80: Errichten elektrischer Anlagen in explosionsgefährdeten Bereichen
[3]   DIN EN 50 014 A3/VDE 0170/0171 Teil 1 A3/...80: Elektrische Betriebsmittel für explosionsgefährdete Bereiche, allgemeine Bestimmungen, Änderung 3
[4]   DIN EN 50 018/VDE 0170/0171 Teil 5/5.78: Druckfeste Kapselung »d«
[5]   Verordnung über elektrische Anlagen in explosionsgefährdeten Räumen (ElexV) vom 27. Februar 1980 (BGBL. 1 S. 214). Allgemeine Verwaltungsvorschrift zur Verordnung über elektrische Anlagen in explosionsgefährdeten Räumen vom 27. Februar 1980 (BAnz. Nr. 43 vom 1. März 1980).
[6]   Verordnung über Anlagen zur Lagerung, Abfüllung und Beförderung brennbarer Flüssigkeiten zu Lande (VbF), vom 27. Februar 1980 (BGBL. 1 S. 229) Allgemeine Verwaltungsvorschrift zur Verordnung über Anlagen zur Lagerung, Abfüllung und Beförderung brennbarer Flüssigkeiten zu Lande vom 27. Februar 1980. (BAnz. Nr. 43 vom 1. März 1980)

[7]   VDE 0171/2.61 mit Änderung d/2.65 und f/1.69: Vorschriften für explosionsge-
       schützte elektrische Betriebsmittel
[8]   DIN 57 071 Teil 12/VDE 0170/0171 Teil 12/...80: Anforderungen für Betriebs-
       mittel der Zone 0
[9]   Olenik; Wettstein; Rentzsch: BBC-Handbuch für Explosionsschutz. 2. Aufl., Essen:
       Giradet-Verlag, 1983
[10]   Dreier, H.: Grundlagen des Explosions- und Schlagwetterschutzes. Braunschweig:
       Physikalisch Technische Bundesanstalt
[11]   Explosionsschutz nach Europanorm. BBC-Fachaufsatz D NG 80 543 DE
[12]   Keul, R.: Konstruktive und fertigungstechnische Realisierung des Explosionsschut-
       zes von elektrischen Betriebsmitteln. Dortmund: CEAG
[13]   PTB-Mitteilungen. Amts- und Mitteilungsblatt der Physikalisch Technischen Bun-
       desanstalt. Wiesbaden: Vieweg-Verlag
[14]   Lefrang, U.: Die gebräuchlichsten Installationstechniken von elektrischen Betriebs-
       mitteln in Zündschutzart druckfeste Kapselung und ihre Kombinationsmöglichkei-
       ten. Ex-Zeitschrift (Juni 1979) H. 11 der Firma R. Stahl, Künzelsau

Planung und Errichtung explosionsgeschützter elektrischer Anlagen

Dipl.Ing. *Hans-Georg Dahm*, Bayer AG, Leverkusen

1 Errichtungsvorschriften – mitgeltende Normen und Unterlagen

Für das Errichten elektrischer Anlagen in explosionsgefährdeten Bereichen ist die »Verordnung über elektrische Anlagen in explosionsgefährdeten Räumen« (ElexV) [1] mit ihrer zugehörigen Verwaltungsvorschrift maßgebend. Als technische Regeln werden dort die einschlägigen VDE-Bestimmungen sowie die Europa-Normen genannt.

Die Anforderungen für das Errichten und Ändern elektrischer Anlagen in *explosionsgefährdeten Bereichen* der Zonen 0, 1, 2 sowie der Zonen 10 und 11 sind in DIN 57 165/VDE 0165/6.80 [2] zusammengefaßt. Für medizinische Bereiche der Zonen G und M gilt DIN 57 107/VDE 0107 »Errichten und Prüfen von elektrischen Anlagen in medizinisch genutzten Räumen« [3]. Für das Errichten elektrischer Anlagen in Bereichen, die durch *Explosivstoffe* gefährdet sind, gilt DIN 57 166/VDE 0166 »Elektrische Anlagen und deren Betriebsmittel in explosivstoffgefährdeten Bereichen« [4].

Für Installationen im Geltungsbereich der »Verordnung über Anlagen zur Lagerung, Abfüllung und Beförderung brennbarer Flüssigkeiten zu Lande« (VbF) [5] gelten ebenfalls die Anforderungen von DIN 57 165/VDE 0165. Zu beachten ist jedoch, daß für Betriebsmittel zum Einsatz in Zone 0 nach wie vor eine »Bauartzulassung« nach § 12 VbF erforderlich ist.

Soweit in VDE 0165 keine zusätzlichen oder andere abweichende Bestimmungen festgelegt sind, gelten als grundlegende Bestimmungen für das Errichten elektrischer Anlagen in explosionsgefährdeten Bereichen die Bestimmungen VDE 0100 [6], VDE 0101 [7] sowie VDE 0800 [8]. Des weiteren sind die berufsgenossenschaftlichen Unfallverhütungsvorschriften, insbesondere die VBG 4 »Elektrische Anlagen und Betriebsmittel« [9] sowie die »Richtlinien für die Vermeidung von Gefahren durch explosionsfähige Atmosphäre mit Beispielsammlung – Explosionsschutz-Richtlinien – (EX-RL)« [10] zu berücksichtigen.

2 Allgemeine Anforderungen

2.1 Auswahl der Betriebsmittel

In explosionsgefährdeten Bereichen sollen nur die dort *unbedingt* für den Betrieb elektrischer Anlagen erforderlichen Betriebsmittel eingebaut werden. Vor der Auswahl der Betriebsmittel ist eine Beurteilung der Explosionsgefahr erforderlich, d. h., in der Praxis wird in einem Expertengespräch auf der Grundlage der Beispielsamm-

lung der EX-RL eine Einstufung der explosionsgefährdeten Bereiche in Zonen vorgenommen.
Weitere Kriterien für die Auswahl von Betriebsmitteln sind bei Bereichen, die durch
Gase und *Dämpfe* gefährdet sind, die *Temperaturklasse* und die *Explosionsgruppe*,
in den Zonen mit *Staub*explosionsgefahr die *Zünd-* und *Glimmtemperatur*.
Nach VDE 0165 gelten die folgenden Definitionen:
»*Zündtemperatur* eines brennbaren *Stoffes* ist die in einem Prüfgerät nach
DIN 51 794 [11] ermittelte niedrigste Temperatur einer erhitzten Wand, an der sich
der brennbare Stoff im Gemisch mit Luft gerade noch entzündet. Die Zündtemperatur von *Flüssigkeiten* und *Gasen* wird nach dem in DIN 51 794 festgelegten Verfahren ermittelt. Für die Bestimmung der Zündtemperatur brennbarer Stäube existiert z. B. noch keine genormte Methode; in der Literatur werden mehrere Verfahren angegeben.«
Die brennbaren *Gase* und *Dämpfe* sind in DIN EN 50 014/VDE 0170/0171/5.78
[12] nach ihren *Zündtemperaturen*, die *Betriebsmittel* nach der *Oberflächentemperatur* in *Temperaturklassen* wie folgt eingeteilt (**Tabelle 1**).

Tabelle 1. Zündtemperaturen, höchstzulässige Oberflächentemperaturen und Temperaturklassen (siehe auch die Beiträge von Simon und Eulert in dieser Broschüre)

Temperaturklasse	Höchstzulässige Oberflächentemperatur der Betriebsmittel in °C	Zündtemperatur der brennbaren Stoffe in °C
T 1	450	> 450
T 2	300	> 300
T 3	200	> 200
T 4	135	> 135
T 5	100	> 100
T 6	85	> 85

Explosionsgruppe ist nach EN 50 014 [2] eine Einteilung der brennbaren *Gase* und *Dämpfe* nach ihrer Zünddurchschlagfähigkeit durch Spalte nach festgelegten Bedingungen (Normalspaltweite) und/oder nach dem Mindestzündstromverhältnis:
– Explosionsgruppe II A,
– Explosionsgruppe II B,
– Explosionsgruppe II C.

Glimmtemperatur von Staubablagerungen ist die niedrigste Temperatur einer erhitzten, freiliegenden Oberfläche, bei der auf dieser in 5 mm dicker Schicht abgelagerter Staub zur Entzündung gelangt. Bei größeren Schichtdicken kann ein Glimmen auch unterhalb dieser Glimmtemperatur einsetzen.
Elektrische Betriebsmittel sind durch ihre Anbringung, durch die Auswahl ihrer Bauart oder durch zusätzliche Maßnahmen gegen Wasser, elektrische, chemische,

thermische und mechanische Einflüsse so zu schützen, daß bei bestimmungsgemäßem Gebrauch der Explosionsschutz gewahrt bleibt.

Betriebsmittel für den Einsatz in explosionsgefährdeten Bereichen der Zone 1, 0 und 10 benötigen eine Baumusterprüfbescheinigung. Gemäß ElexV dürfen in explosionsgefährdeten Räumen der Zonen 0 und 10 nur solche elektrische Betriebsmittel in Betrieb genommen werden, für die sich aus der Baumusterprüfbescheinigung ergibt, daß sie in der betreffenden Zone verwendet werden dürfen. Für Betriebsmittel zum Einsatz in Zone 2 und 11 gelten die Auswahlkriterien in VDE 0165; eine Baumusterprüfbescheinigung ist nicht erforderlich.

2.2 Berührungsschutz

Zur Vermeidung zündfähiger Funken dürfen in allen Spannungsbereichen, also auch bei Kleinspannung, nur Betriebsmittel mit Schutz gegen direktes Berühren aktiver Teile verwendet werden. Ausgenommen hiervon sind lediglich eigensichere Stromkreise. Innerhalb der Zonen 0 und 1 ist als Schutzmaßnahme ein Potentialausgleich erforderlich. Hierzu sind die der Berührung zugänglichen, leitfähigen Konstruktionsteile miteinander und mit dem Schutzleiter zu verbinden. Die Leitfähigkeit der Verbindung muß nach VDE 0190 [13] einem Querschnitt von mindestens 10 mm² Cu entsprechen. Als ausreichende Verbindung von Konstruktionsteilen untereinander können z. B. geschraubte Muffenverbindungen oder geflanschte Rohrleitungen gelten.

2.3 Schutz- und Überwachungseinrichtungen – Notabschaltung

Das Wiedereinschalten oder Entriegeln von Schutz- und Überwachungseinrichtungen darf nicht selbsttätig erfolgen. Dies gilt für Einrichtungen, die dem Explosionsschutz dienen, z. B. Überstromauslöser, Sicherheitstemperaturbegrenzer oder Druckschalter. Ist infolge der Abschaltung eine Gefahrenausweitung zu erwarten, so genügt ein Warnsignal.

Betriebsmittel, deren Weiterbetrieb bei betrieblichen Störungen zu Gefahren Anlaß geben, müssen von einer nicht gefährdeten Stelle aus unverzüglich abgeschaltet werden können (Notabschaltung). Gegebenenfalls können die für den üblichen Betrieb erforderlichen Schalter benutzt werden. Ein sogenannter Hauptschalter hat sich nicht bewährt, da einige Betriebsmittel zur Verminderung von Gefahrenausweitungen weiter betrieben werden müssen.

2.4 Kabel und Leitungen

Eine Baumusterprüfung für Kabel und Leitungen ist nicht erforderlich, jedoch gelten die Auswahlkriterien von VDE 0165. Sie müssen den zu erwartenden mechanischen, chemischen und thermischen Einflüssen standhalten. Ihre Verlegung hat entsprechend zu erfolgen. Äußere Mäntel und Umhüllungen von Kabeln und Leitungen müssen, soweit sie nicht aufgrund der Verlegung gegen Brandverschleppung geschützt sind, flammenwidrig sein.

Müssen Kabel und Leitungen geschützt werden, so sind nichtgeschlossene Rohrsysteme zu verwenden. Durchführungsöffnungen sind, falls sie zu nichtexplosionsgefährdeten Bereichen führen, ausreichend dicht zu verschließen, z. B. durch Sandtassen oder Mörtelverschlüsse. Bei Verwendung geschlossener Rohrleitungssysteme nach britischer oder US-amerikanischer Norm sind besondere Anforderungen bezüglich der Bauart und Errichtung zu beachten. Die Einführung von Kabeln in druckfeste Gehäuse bedarf der Überprüfung durch einen Sachverständigen. Neu ist in VDE 0165/6.80 die Möglichkeit, Gießharz-Garnituren oder Schrumpfschlauchmuffen zu verwenden, sofern sie nach DIN ausgeführt und nicht mechanisch beansprucht sind.

2.5   Elektrostatische Aufladungen – Atmoshärische Entladungen

Die Anlagen müssen so errichtet und betrieben werden, daß Zündgefahren infolge elektrostatischer Aufladungen nicht zu erwarten sind. Vergleiche hierzu auch die Richtlinie »Statische Elektrizität« [14] vom Hauptverband der gewerblichen Berufsgenossenschaften.
Zur Begrenzung von Zündgefahren infolge atmosphärischer Entladungen sind die Richtlinien für Blitzschutzanlagen VDE 0185/11.82 [15] zugrunde zu legen. Zu beachten sind insbesondere auch Hinweise auf Blitzschutzmaßnahmen in den Baumusterprüfbescheinigungen.

3   Anforderungen für das Errichten in Zone 1

3.1   Zulässige Betriebsmittel

Folgende Zündschutzarten nach VDE 0171/2.61 [16] bzw. DIN EN 50 014/-VDE 0170/0171 Teil 1 [12] dürfen in explosionsgefährdeten Bereichen der Zone 1 eingesetzt werden:

Überdruckkapselung	»p«, oder Fremdbelüftung »f«
Druckfeste Kapselung	»d«
Sandkapselung	»q«
Erhöhte Sicherheit	»e«
Eigensicherheit	»i«
Ölkapselung	»o«
Sonderschutz	»s«, in Zukunft teils Vergußkapselung »m«

Anmerkung:
Einrichtungen, bei denen nach Angaben des Herstellers keiner der Werte 1,2 V; 0,1 A; 20 µJ oder 25 mW überschritten wird, brauchen weder bescheinigt (Baumusterprüfbescheinigung) noch gekennzeichnet zu sein.

3.2 Überdruckkapselung »p«

Hier muß, sofern die Errichtung nicht komplett bescheinigt ist, ein anerkannter Sachverständiger prüfen, ob die Bestimmungen der Zündschutzart eingehalten sind.

3.3 Eigensicherheit »i«

Eigensichere Stromkreise werden im allgemeinen erdfrei errichtet. Oft ist jedoch eine Erdung aus sicherheitstechnischen oder meßtechnischen Gründen erforderlich. Eine Erdverbindung über einen Widerstand von ≥ 15 kΩ zur Ableitung statischer Elektrizität gilt nicht als Erdung. Sie darf dann nur durch Anschluß an einer Stelle in den Potentialausgleich eingebunden werden. Metallische Gehäuse von eigensicheren Betriebsmitteln brauchen nicht in den Potentialausgleich einbezogen werden.

Anschlußteile sowie Kabel und Leitungen müssen als eigensicher gekennzeichnet sein. Falls dies farblich geschehen soll, ist hellblau zu verwenden. Kabel und Leitungen mit Mänteln, die derart gekennzeichnet sind, dürfen in Ex-Bereichen nur für eigensichere Stromkreise verwendet werden.

Eigensichere Stromkreise sind so zu errichten, daß die Eigensicherheit nicht durch magnetische oder elektrische Felder oder durch Übertritt von Fremdspannungen beeinträchtigt wird. Aus diesem Grunde dürfen Leiter oder Aderleiter von eigensicheren Stromkreisen mit Kabeln, mit Leitungen, in Rohren oder mit Leiterbündeln nicht gemeinsam geführt werden. Der Einfluß äußerer Felder kann durch Abstand, Abschirmung oder Verdrillen verringert werden.

Betriebsmittel in eigensicheren Stromkreisen bedürfen nicht der Typprüfung und Kennzeichnung, wenn sie keine Spannungsquelle enthalten und eine eindeutige Kenntnis der elektrischen Kenndaten und des Erwärmungsverhaltens vorliegt. Dies gilt z. B. für:
- Schalter,
- Steckvorrichtungen,
- Klemmenkästen,
- Meßwiderstände,
- einzelne Halbleiterbauelemente,
- Spulen (auch Drehspulmeßgeräte),
- Kondensatoren,
- elektrische Wegfühler nach DIN 19 234 [17].

Diese Teile müssen zumindest so gekennzeichnet sein, daß sie identifizierbar sind, z. B. durch Angabe ihrer Typbezeichnung. Beim Zusammenschalten eigensicherer Stromkreise mit mehr als einem zugehörigen Betriebsmittel darf die Eigensicherheit nicht beeinträchtigt sein. Die zur Strom- und Spannungsbegrenzung dienenden Bauelemente der beteiligten Betriebsmittel dürfen auch im Störungsfall nicht überlastet werden. Hierüber ist ein rechnerischer oder meßtechnischer Nachweis zu führen. Da eine solche Zusammenschaltung von eigensicheren Stromkreisen nicht unproblematisch ist, kann nur empfohlen werden, hierfür den Rat von Fachleuten einzuholen.

3.4 Elektrische Maschinen

Elektrische Maschinen sind gegen unzulässige Erwärmung infolge Überlastung zu schützen. Als Schutzeinrichtungen kommen in Betracht: Überstromschutzeinrichtungen mit stromabhängig verzögerter Auslösung, z. B. Motorschutzschalter oder Einrichtungen zur direkten Temperaturüberwachung mit Hilfe von Temperaturfühlern.

3.5 Heizeinrichtungen

An elektrischen Heizeinrichtungen müssen Maßnahmen getroffen werden, die verhüten, daß die zulässige Temperatur überschritten wird, z. B. selbsttätige Temperaturüberwachung. Elektrische Heizeinrichtungen sind von einem Sachverständigen zu prüfen, falls sie nicht bescheinigt sind.

3.6 Leuchten

Für die Bestückung von Leuchten dürfen nur Lampen verwendet werden, die nach Leistung und Typ den Aufschriften der Leuchten entsprechen.

4   Spezielle Anforderungen

4.1 Zone 0

Für Zone 0 gelten besondere Anforderungen, insbesondere für Kabel und Leitungen. Für feste Verlegung dürfen nur Kabel mit Metallmantel oder Metallgeflecht aus Kupfer verwendet werden; sie müssen zusätzlich einen flammwidrigen Mantel besitzen. Der Isolationswiderstand ist ständig zu überwachen. Abzweige und Verbindungen sind im Zuge der Kabel- und Leitungsführung nicht zulässig. Baubestimmungen für Betriebsmittel zur Verwendung in Zone 0 liegen zur Zeit erst als Entwurf 2 VDE 0170/0171 Teil 12/...82 [12] vor. Dieser Entwurf wird von der Physikalisch-Technischen Bundesanstalt (PTB) bei der Baumusterprüfung zugrunde gelegt; er wird auch dem Errichter elektrischer Anlagen in explosionsgefährdeten Bereichen der Zone 0 empfohlen, zumal sich hieraus wichtige Hinweise für die Installation, insbesondere für Anschlußtechniken, ergeben können.

4.2 Zone 2

In explosionsgefährdeten Bereichen der Zone 2 dürfen auch solche Betriebsmittel verwendet werden, für die keine Baumusterprüfbescheinigung existiert. Auswahl-

kriterien für diese Betriebsmittel sind in Anhang A der VDE 0165 zusammengefaßt. Neue Errichtungsbestimmungen für Betriebsmittel zum Einsatz in Zone 2 liegen zur Zeit als VDE 0165 A 2...81 Entwurf 1 vor.
Als Grundsatz gilt, daß alle Betriebsmittel so gebaut sind, daß betriebsmäßig keine
Funken, Lichtbögen oder unzulässige Temperaturen entstehen. Unzulässig ist eine
Temperatur, die gleich oder größer ist als die Zündtemperatur des jeweiligen brennbaren Stoffes.

4.3 Zone 10

Die ElexV legt fest, daß in Zone 10 nur Betriebsmittel verwendet werden dürfen, die
hierfür besonders bescheinigt sind. Da bisher für Betriebsmittel der Zone 10 keine
Baubestimmungen existieren – sie liegen zur Zeit als VDE 0170/0171
Teil 13 . . . 82 Entwurf 1 [12] vor –, bereitet die Instrumentierung mit Zone-10-Be-
triebsmitteln Schwierigkeiten. Seit einiger Zeit werden von der Berggewerkschaftli-
chen Versuchsstrecke in Dortmund-Derne (BVS) Betriebsmittel, insbesondere solche zur Füllstandmessung, geprüft und zum Einsatz in Zone 10 zugelassen.

4.4 Zone 11

Die Betriebsmittel zum Einsatz in Zone 11 bedürfen keiner besonderen Prüfbescheinigung. Anforderungen an das Errichten in Zone 11 sind VDE 0165 zu entnehmen.
Dort ist festgelegt, auf welche Temperaturen sich die Oberfläche eines Betriebsmittels maximal erwärmen darf. An dieser Stelle sollte darauf hingewiesen werden, daß
es bei der Einschüttung von elektrischen Betriebsmitteln infolge Wärmestaus durchaus zu höheren Temperaturen kommen kann.

5 Prüfung

Gemäß § 12 ElexV hat der Betreiber zu veranlassen, daß die elektrischen Anlagen
vor der ersten Inbetriebnahme und in bestimmten Zeitabständen durch eine Elektrofachkraft auf Einhaltung der Bestimmungen der ElexV – insbesondere auch auf
Beachtung der VDE 0165 – hin zu prüfen sind. Diese Prüfung ist nicht erforderlich,
wenn der Hersteller oder Errichter die Einhaltung der Anforderungen der ElexV be-
stätigt oder die Anlage von einem anerkannten Sachverständigen abgenommen wurde.

6 Zusammenfassung und Ausblick

Diesem Beitrag liegt VDE 0165 »Errichten elektrischer Anlagen in explosionsgefährdeten Bereichen« Ausgabe Juni 1980 [2] zugrunde. VDE 0165 ist eine nationale
Errichtungsbestimmung, die es ermöglicht, elektrische Anlagen sowohl mit Be-

triebsmitteln nach VDE 0170/0171/2.61 [16] als auch Betriebsmitteln, die nach der Europa-Norm DIN EN 50 014 [12] gebaut wurden, zu errichten. Zwar gibt es einen IEC-Entwurf für internationale Errichtungsbestimmungen, jedoch ist mit der Umwandlung in nationales Recht in absehbarer Zeit nicht zu rechnen. Die Errichtungsbestimmung VDE 0165/6.80 [2] fordert bis zum 31. Mai 1985 die Nachrüstung von bestehenden Anlagen. Die gilt jedoch nur in bezug auf:
– die Schaffung des Potentialausgleichs,
– die Schaltung von Schutz- und Überwachungseinrichtungen,
– die verwendeten Steckvorrichtungen für staubexplosionsgefährdete Bereiche.
Nachdem im Jahre 1981 ein neuer Entwurf der VDE 0165 der Öffentlichkeit vorgestellt und im zuständigen Komitee 235 der Deutschen Elektrotechnischen Kommission (DKE) die Einspruchsberatung abgeschlossen wurde, ist im Jahre 1983 mit einer überarbeiteten Gesamtausgabe dieser VDE-Bestimmung zu rechnen. Überarbeitet wurde insbesondere der Anhang A, Auswahlkriterien für Zone 2. Diese wurden – soweit wie möglich – an bisher bekannte, internationale Publikationen angelehnt und in die Bestimmungen von VDE 0165 eingearbeitet. Eine Anpassung bestehender Anlagen in Zone 2 an die neuen Errichtungsbestimmungen wird nicht gefordert werden.

7 Schrifttum

[1]   Verordnung über elektrische Anlagen in explosionsgefährdeten Räumen (ElexV) vom 27. Februar 1980 (BGBL. 1 S. 214). Allgemeine Verwaltungsvorschrift zur Verordnung über elektrische Anlagen in explosionsgefährdeten Räumen vom 27. Februar 1980 (BAnz. Nr. 43 vom 1. März 1980).

[2]   DIN 57 165/VDE 0165/6.80: Errichten elektrischer Anlagen in explosionsgefährdeten Bereichen.

[3]   DIN 57 107/VDE 0107/6.81: Errichten und Prüfen von elektrischen Anlagen in medizinisch genutzten Räumen.

[4]   DIN 57 166/VDE 0166/5.81: Elektrische Anlagen und deren Betriebsmittel in explosivstoffgefährdeten Bereichen.

[5]   Verordnung über Anlagen zur Lagerung, Abfüllung und Beförderung brennbarer Flüssigkeiten zu Lande (VbF), vom 27. Februar 1980 (BGBL. 1 S. 229).

[6]   VDE 0100/5.73: Bestimmungen für das Errichten von Starkstromanlagen mit Nennspannungen bis 1000 V.

[7]   DIN 57 101/VDE 0101/11.80: Errichten von Starkstromanlagen mit Nennspannungen über 1 kV.

[8]   VDE 0800 Teil 1/5.70: Bestimmungen für Errichtung und Betrieb von Fernmeldeanlagen einschließlich Informationsverarbeitungsanlagen, Allgemeine Bestimmungen.

[9]   VBG 4: Elektrische Anlagen und Betriebsmittel, Unfallverhütungsvorschriften der Berufsgenossenschaft der chemischen Industrie, 4.79.

[10]   Richtlinie für die Vermeidung der Gefahren durch explosionsfähige Atmosphäre mit Beispielsammlung – Explosionsschutz-Richtlinien – (EX-RL), Januar 1976. Herausgegeben von der Berufsgenossenschaft der chemischen Industrie, Richtlinie Nr. 11, Heidelberg: Druckerei Winter.

[11]   DIN 51 794/1.78: Prüfung von Mineralölkohlenwasserstoffen, Bestimmung der Zündtemperatur.

[12] DIN EN 50 014/VDE 0170/0171 Teil 1/5.78: Elektrische Betriebsmittel für explosionsgefährdete Bereiche, Allgemeine Bestimmungen; und folgende Teile.

[13] VDE 0190/5.73: Bestimmungen für das Einbeziehen von Rohrleitungen in Schutzmaßnahmen von Starkstromanlagen mit Nennspannungen bis 1000 V.

[14] Richtlinie für die Vermeidung von Zündgefahren infolge elektrostatischer Aufladungen (Richtlinie »Statische Elektrizität«), April 1980. Herausgegeben von der Berufsgenossenschaft der chemischen Industrie, Richtlinie Nr. 4, Weinheim: Verlag Chemie GmbH.

[15] DIN 57 185 Teil 1/VDE 0185 Teil 1/11.82: Blitzschutzanlagen, Allgemeines für das Errichten; und Teil 2, Errichten besonderer Anlagen.

[16] VDE 0171/2.61 mit Änderungen d/2.65 und f/1.69: Vorschriften für explosionsgeschützte elektrische Betriebsmittel.

[17] DIN 19 234/10.73: Elektrische Wegfühler mit Schaltverstärker für eigensichere Gleichstrom-2-Leitersysteme.

[18] VDE 0165 A2/...81; Entwurf 1: Errichten elektrischer Betriebsmittel in gasexplosionsgefährdeten Bereichen.

Betrieb explosionsgeschützter elektrischer Anlagen

Dipl.-Ing. *Hans-Jürgen Lessig*, Hoechst AG, Werk Hoechst

1 Gesetzliche Grundlagen

1.1 Allgemeine Anforderungen

Oberstes Ziel aller nachfolgend genannten Maßnahmen ist die Unfallverhütung. Damit ist zum einen der Schutz der Beschäftigten, zum anderen aber auch das Vermeiden von Sachwert- und Umweltschäden gemeint. Ein weiteres Ziel ist die Sicherstellung der Produktion, denn die elektrischen Anlagen werden ja nur zum Zwecke der Produktion von Gütern betrieben. Dabei kann jedoch in den seltensten Fällen eine klare Trennung zwischen den Maßnahmen zur Unfallverhütung und denen zur Erreichung einer bestimmten Betriebssicherheit erfolgen. Meist ist es so, daß eine Maßnahme zur Unfallverhütung auch dem ungestörten Produktionsablauf dient.

Um dieses Ziel zu erreichen, werden vom Gesetzgeber Verordnungen erlassen, die Berufsgenossenschaften geben Unfallverhütungsvorschriften heraus, der Verband Deutscher Elektrotechniker (VDE) erarbeitet dazu Bestimmungen usw. Im folgenden werden nun all die Verordnungen, Vorschriften und Bestimmungen genannt, die beim Betrieb einer elektrischen Anlage im explosionsgefährdeten Bereich zu beachten sind.

1.2 Anforderungen der ElexV, VbF

In der »Verordnung über elektrische Anlagen in explosionsgefährdeten Räumen/2.80«, kurz *ElexV* [1] genannt, wird in § 13 zum Betrieb von explosionsgeschützten elektrischen Anlagen folgendes ausgesagt:
»1) Wer eine elektrische Anlage in explosionsgefährdeten Räumen betreibt, hat diese in ordnungsmäßigem Zustand zu erhalten, ordnungsmäßig zu betreiben, ständig zu überwachen, notwendige Instandhaltungs- und Instandsetzungsarbeiten unverzüglich vorzunehmen und die den Umständen nach erforderlichen Sicherheitsmaßnahmen zu treffen.
2) Die Aufsichtsbehörde kann im Einzelfall erforderliche Überwachungsmaßnahmen anordnen.
3) Eine elektrische Anlage in einem explosionsgefährdeten Raum darf nicht betrieben werden, wenn sie Mängel aufweist, durch die Beschäftigte oder Dritte gefährdet werden«.
Der § 12 »Prüfungen« enthält u. a. folgende Anforderungen:
»1) Der Betreiber hat zu veranlassen, daß die elektrischen Anlagen auf ihren ordnungsmäßigen Zustand durch eine Elektrofachkraft oder unter Leitung und Aufsicht einer Elektrofachkraft geprüft werden:

1. vor der ersten Inbetriebnahme und
2. in bestimmten Zeitabständen.

Der Betreiber hat die Fristen so zu bemessen, daß entstehende Mängel, mit denen gerechnet werden muß, rechtzeitig festgestellt werden. Die Prüfungen nach Satz 1 Nr. 2 sind jedoch alle drei Jahre durchzuführen; sie entfallen, soweit die elektrischen Anlagen unter Leitung eines verantwortlichen Ingenieurs ständig überwacht werden.

2) Bei der Prüfung sind die sich hierauf beziehenden elektrotechnischen Regeln zu beachten.

3) Auf Verlangen der zuständigen Behörde ist ein Prüfbuch mit bestimmten Eintragungen zu führen.

5) Die Aufsichtsbehörde kann bei Schadensfällen oder aus sonstigem besonderen Anlaß im Einzelfall außerordentliche Prüfungen durch einen Sachverständigen anordnen. Der Betreiber hat zu veranlassen, daß eine nach Satz 1 vollziehbare angeordnete Prüfung vorgenommen wird«.

Schließlich sei noch der § 17 »Schadensfälle« erwähnt:
»1) Wer eine elektrische Anlage in einem explosionsgefährdeten Raum betreibt, hat jede Explosion, die durch den Betrieb der elektrischen Anlage verursacht sein kann, der Aufsichtsbehörde unverzüglich anzuzeigen. Dies gilt nicht für Explosionen in Betriebsmitteln, sofern die Explosionsschutzart verhindert hat, daß die Explosion sich in den explosionsgefährdeten Raum fortsetzt. Die Aufsichtsbehörde kann von dem Anzeigepflichtigen verlangen, daß dieser das anzuzeigende Ereignis auf seine Kosten durch einen möglichst im gegenseitigen Einvernehmen bestimmten Sachverständigen sicherheitstechnisch beurteilen läßt und ihr die Beurteilung schriftlich vorlegt. Die sicherheitstechnische Beurteilung hat sich insbesondere auf die Feststellung zu erstrecken,
– worauf das Ereignis zurückzuführen ist,
– ob sich die Anlage nicht in ordnungsmäßigem Zustand befand und ob nach Behebung des Mangels eine Gefahr nicht mehr besteht und
– ob neue Erkenntnisse gewonnen worden sind, die andere oder zusätzliche Schutzvorkehrungen erfordern.«

Auch die *»Verordnung über Anlagen zur Lagerung, Abfüllung und Beförderung brennbarer Flüssigkeiten zu Lande«/2.80*, kurz VbF [2] genannt, enthält Anforderungen, die beim Betrieb der dieser Verordnung unterliegenden elektrischen Anlagen zu beachten sind.

Die wichtigsten Paragraphen dieser Verordnung für das Betreiben sind:

§ 21 Betrieb:
»1) Wer eine Anlage zur Lagerung, Abfüllung oder Beförderung brennbarer Flüssigkeiten betreibt, hat diese in ordnungsmäßigem Zustand zu erhalten, ordnungsmäßig zu betreiben, ständig zu überwachen, notwendige Instandhaltungs- und Instand-

setzungsarbeiten unverzüglich vorzunehmen und die den Umständen nach erforderlichen Sicherheitsmaßnahmen zu treffen.
2) Eine Anlage darf nicht betrieben werden, wenn sie Mängel aufweist, durch die Beschäftigte oder Dritte gefährdet werden können. Es sind unverzüglich Maßnahmen zur Beseitigung oder Minderung des gefährlichen Zustandes zu ergreifen.«

§ 22 Anzeige nach Betriebsunterbrechung:
»Wer eine erlaubnisbedürftige Anlage länger als sechs Monate außer Betrieb gesetzt hat, hat dies unverzüglich nach Ablauf der Frist der Aufsichtsbehörde anzuzeigen. Soll die Anlage wieder in Betrieb genommen werden, so ist dies der Aufsichtsbehörde vorher anzuzeigen; dies gilt nicht, wenn für die Wiederinbetriebnahme eine neue Erlaubnis erforderlich ist«.

§ 23 Unfall- und Schadensanzeige:
»1) Der Betreiber einer Anlage hat der Aufsichtsbehörde unverzüglich anzuzeigen:
– eine Explosion,
– einen Brand,
– das unbeabsichtigte Austreten brennbarer Flüssigkeiten aus Behältern oder Leitungen in einer Menge von mehr als 10 Liter je Stunde,
– einen mit den typischen Gefahren der Anlage zusammenhängenden Unfall, der zu einem Personenschaden geführt hat«.

Im § 13 werden Prüfungen durch Sachverständige verlangt.
»1) Folgende Anlagen müssen in den Fällen des Absatzes 2 von einem Sachverständigen auf ihren ordnungsmäßigen Zustand geprüft werden:
1. Erlaubnisbedürftige Anlagen, ausgenommen erlaubnisbedürftige Lager für ortsbewegliche Behälter,
   usw.
Die in Absatz 1 Nr. 1 und 2 bezeichneten Anlagen müssen außerdem wiederkehrend vor Ablauf der in § 15 genannten Fristen geprüft werden«.

Im § 15 werden zu den Prüffristen u. a. folgende Aussagen gemacht:
»1) Die Fristen für die wiederkehrenden Prüfungen betragen:
1. für erlaubnisbedürftige Anlagen zur Lagerung oder Abfüllung brennbarer Flüssigkeiten, ausgenommen Lager für ortsbewegliche Behälter   5 Jahre,
2. für Verbindungsleitungen und Fernleitungen   2 Jahre.
Soweit hierzu elektrische Einrichtungen, einschließlich der Einrichtungen für den Blitzschutz, den katodischen Korrosionsschutz und die Ableitung elektrostatischer Aufladungen gehören, beträgt die Frist für diese Einrichtungen drei Jahre, und zwar unabhängig von den in Satz 1 genannten Fristen.«

Zur Veranlassung der Prüfungen heißt es im § 17:
»Der Betreiber einer Anlage hat die nach §§ 13 bis 15 vorgeschriebenen oder vollziehbar angeordneten Prüfungen zu veranlassen«.

Für die Prüfungen kommen nach § 16 u. a. folgende Sachverständige in Frage:
»1) Sachverständige für die nach dieser Verordnung vorgesehenen oder angeordneten Prüfungen sind:
1. die Sachverständigen nach § 24 c Abs. 1 und 2 der Gewerbeordnung,
2. die Sachverständigen eines Unternehmens, in dem die Prüfung durch Werksangehörige nach der Art der Anlagen für brennbare Flüssigkeiten und der Integration von Anlagen für brennbare Flüssigkeiten in Prozeßanlagen angezeigt ist, soweit sie von der zuständigen Behörde für die Prüfung der in diesem Unternehmen betriebenen Anlage anerkannt sind«.

In bezug auf Prüfungen heißt das kurz zusammengefaßt, daß alle explosionsgeschützten elektrischen VbF-Anlagen ständig zu überwachen *und* mindestens alle drei Jahre durch einen Sachverständigen zu prüfen sind.
Bei ElexV-Anlagen wird die Wahl gelassen zwischen einer »ständigen Überwachung« unter der Leitung eines verantwortlichen Ingenieurs *oder* der Prüfung der elektrischen Anlagen alle drei Jahre durch eine Elektrofachkraft.

1.3   Explosionsschutz-Richtlinien der BG Chemie/1.76, EX-RL

Die *Explosionsschutz-Richtlinien* der Berufsgenossenschaft der chemischen Industrie, kurz EX-RL [3] genannt, enthalten neben zahlreichen Hinweisen für die Errichtung auch Anforderungen für den Betrieb elektrischer Anlagen.

Der Abschnitt E 2.3.4 dieser Richtlinien enthält u. a. folgenden Passus:
»Die elektrischen Anlagen in explosionsgefährdeten Betriebsstätten sind auf ihren ordnungsmäßigen Zustand zu überwachen und nach Bedarf, mindestens aber alle drei Jahre, durch eine Elektrofachkraft oder unter Leitung und Aufsicht einer Elektrofachkraft überprüfen zu lassen, soweit sie nicht unter der Leitung eines verantwortlichen Ingenieurs ständig überwacht werden. Der Prüfungsbefund ist schriftlich niederzulegen und aufzubewahren. Im übrigen sind die »Sonderbestimmungen für den Betrieb von elektrischen Anlagen in explosionsgefährdeten Betriebsstätten« VDE 0105 Teil 9/7.81 zu beachten.«

1.4   VDE-Bestimmungen 0105 Teil 9/7.81, VDE 0165/6.80

Die VDE-Bestimmung 0105 Teil 9 »Betrieb von Starkstromanlagen« [5] ist im Zusammenhang mit Teil 1 die VDE-Bestimmung schlechthin für den Betrieb von elektrischen Anlagen in explosionsgefährdeten Bereichen. Deshalb wird diese VDE-Bestimmung in den weiteren Ausführungen noch mehrmals auftauchen.
Zunächst sollen jedoch die Anforderungen betrachtet werden, die an die Erhaltung des ordnungsgemäßen Zustandes gestellt werden.

Abschnitt 6 Teil 9 enthält u. a. dazu folgende Aussage:
»6.1 Anlagen in explosionsgefährdeten Bereichen, die nicht unter Leitung eines

Sachkundigen ständig überwacht werden, sind nach Bedarf, mindestens jedoch alle drei Jahre, durch einen Sachverständigen prüfen zu lassen. Der Prüfungsbefund des Sachverständigen ist schriftlich niederzulegen und aufzubewahren.
Anmerkung:
Als Sachverständige gelten z.b. die Sachverständigen der technischen Überwachungsorganisationen, gemäß ElexV anerkannte Sachverständige von Unternehmen«.

Auch hier wird wieder die Wahl gelassen zwischen einer »ständigen Überwachung« oder der Prüfung alle 3 Jahre durch einen anerkannten Sachverständigen. Die VDE-Bestimmung 0165/6.80 [6] ist zwar eine Errichtungsbestimmung für elektrische Anlagen in explosionsgefährdeten Bereichen, sie enthält aber auch Anforderungen, die bei bereits in Betrieb befindlichen Anlagen zu beachten sind. Das heißt, daß elektrische Anlagen, die vor dem Erscheinen der z. Z. gültigen VDE-Bestimmung 0165 errichtet wurden, in bestimmten Bereichen an diese neue Norm anzupassen sind.

1.5   Auflagen in Genehmigungsbescheiden

Überwachungsbedürftige Anlagen gemäß § 24 der Gewerbeordnung bedürfen einer Genehmigung durch die zuständige Behörde. Man spricht hierbei von den »§ 24er-Anlagen«. Darunter fallen nun auch die elektrischen Anlagen in explosionsgefährdeten Produktionsbetrieben.

Genehmigungsbescheide der *zuständigen Behörde, z. B.* des Regierungspräsidenten in Darmstadt, enthalten beispielsweise folgenden Text:
»Die explosionsgeschützten elektrischen Anlagen sind nach der Erstinstallation regelmäßig auf ihren ordnungsgemäßen Zustand zu überwachen und nach Bedarf, mindestens aber alle drei Jahre, durch einen amtlichen oder amtlich anerkannten Sachverständigen überprüfen zu lassen, soweit sie nicht unter der Leitung eines verantwortlichen Ingenieurs ständig überwacht werden. Der Prüfungsbefund bzw. die Ergebnisse der ständigen Überwachungen sind schriftlich niederzulegen und mindestens drei Jahre aufzubewahren. Diese Aufzeichnungen sind den Beamten der Genehmigungs- oder Aufsichtsbehörde jederzeit auf Verlangen vorzulegen.«

Erfreulicherweise herrscht hier eine gewisse Übereinstimmung zwischen der ElexV, der EX-RL, der VDE 0105 Teil 9 und den Auflagen der Genehmigungsbehörde. Einen gewissen Unterschied gibt es in bezug auf die »ständige Überwachung« durch einen Sachkundigen oder durch einen Ingenieur. Da jedoch die Auflagen der ElexV und die der Genehmigungsbehörde vorrangig sind, kommt für die Leitung der »ständigen Überwachung« nur ein Ingenieur in Frage.
Bei der anderen Variante, den Prüfungen, besteht eine Übereinstimmung bei den Prüffristen, nämlich bei drei Jahren. Anders ist es dagegen bei den Personen, die befugt sind, diese Prüfungen vorzunehmen. Das kann einmal eine Fachkraft, zum an-

Tabelle 1 Wahl zwischen »ständiger Überwachung« und »dreijährlicher Prüfung«

Anforderung gemäß	entweder ständige Überwachung durch	oder Prüfungen durch	maximaler Zeitraum zwischen den Prüfungen
ElexV	Ingenieur	Fachkraft	3 Jahre
VbF	–	Sachverständiger	3 Jahre
EX-RL	Ingenieur	Fachkraft	3 Jahre
VDE 0105 Teil 9	Sachkundiger	Sachverständiger	3 Jahre
Genehmigungsbehörde	Ingenieur	Sachverständiger	3 Jahre

deren muß es ein Sachverständiger sein. **Tabelle 1** stellt diese Anforderungen in zusammengefaßter Form dar.

1.6   Statische Elektrizität, Richtl. Nr. 4 der BG Chemie/4.80 [4]

Neben den Zündquellen durch fehlerhafte elektrische Betriebsmittel sind auch Entladungen statischer Elektrizität für den Explosionsschutz von Bedeutung. Durch das Auftreten von elektrostatischen Entladungen können explosionsfähige Gemische von Gasen, Dämpfen, Nebeln oder Stäuben mit Luft entzündet werden. Deshalb sind in explosionsgefährdeten Bereichen, in denen mit elektrostatischen Aufladungen gerechnet werden muß, alle leitfähigen Teile zumindest elektrostatisch zu erden. *Elektrostatisch geerdet* heißt, daß der Ableitwiderstand gegen Erdpotential nicht größer als 10^6 Ohm ist. Damit wird erreicht, daß die auftretenden elektrostatischen Aufladungen gefahrlos abgeleitet werden. Unter günstigen Bedingungen können auch höhere Ableitwiderstände, z. B. 10^8 Ohm bei 100 pF zugelassen werden; Näheres siehe Richtlinie Nr. 4 der BG Chemie.

Die schon früher angesprochenen Genehmigungsbescheide der Behörde enthalten z. B. folgende Anforderung:
»Es sind geeignete Maßnahmen zu treffen, um elektrostatische Aufladungen zu vermeiden bzw. einen gefahrlosen Ausgleich von Aufladungen zu ermöglichen. Hierzu sind Apparate, Rohrleitungen, Armaturen, Stahlkonstruktionen usw. so zu erden, daß der Erdübergangswiderstand an keiner Stelle mehr als 10^6 Ohm beträgt. Im übrigen sind die »Richtlinien zur Verhütung von Gefahren durch elektrostatische Aufladungen« der Berufsgenossenschaft der chemischen Industrie zu beachten«.

Auch die EX-RL enthält unter Abschnitt E 2.3.6 einige Hinweise.

1.7   Blitzschutz

Inzwischen wurde die lange gültige ABB der Arbeitsgemeinschaft für Blitzschutz und Blitzableiterbau e. V. von der *VDE-Richtlinie 0185 Teil 1 und 2/11.82* abgelöst.

[9]. Der Teil 1 enthält »Allgemeines über das Errichten von Blitzschutzanlagen«, der Teil 2 behandelt das »Errichten von besonderen Blitzschutzanlagen«, so u. a. unter Abschnitt 6.2 »Explosionsgefährdete Bereiche«. Bei den Prüfungen sind natürlich die dort festgelegten Bedingungen bei der Beurteilung der Funktionsfähigkeit einer Blitzschutzanlage zu berücksichtigen.

Der Teil 1 enthält unter Abschnitt 7 auch Aussagen über Prüfungen. Im Gegensatz zur ABB, die Prüffristen nannte, enthält die VDE 0185/11.82 keine derartigen Aussagen mehr. Prüfungen und auch Prüffristen können jedoch aufgrund von Verordnungen, Auflagen der zuständigen Aufsichtsbehörde oder Unfallverhütungsvorschriften der Berufsgenossenschaften usw. vorgeschrieben werden.

Bei den der VbF unterliegenden Anlagen müssen die Blitzschutzanlagen alle drei Jahre geprüft werden, siehe auch *TRbF 501/9.74* [2]. Genehmigungsbescheide der zuständigen Behörden enthalten z. B. folgenden Passus:

»Die Blitzschutzeinrichtungen bzw. die Erdungsanlagen sind nach ihrer Fertigstellung und dann in regelmäßigen Abständen durch einen Sachverständigen prüfen zu lassen.«

Man kann also davon ausgehen, daß in Anlehnung an die in der ElexV genannten Prüffristen für elektrische Anlagen auch Blitzschutzanlagen von explosionsgefährdeten Betriebsstätten mindestens alle drei Jahre zu prüfen sind.

2   Betrieb, Betriebsbetreuung

2.1   Definition der Begriffe

Um eine einheitliche Sprache zu sprechen, ist es wichtig, daß bei den benutzten Begriffen Übereinstimmung in der Auslegung besteht. Im folgenden sind all die Begriffe aufgelistet, die beim Betrieb von elektrischen Anlagen von Bedeutung sind. Verfolgt man die einschlägige Literatur, so stellt man fest, daß insbesondere die Begriffe »Überprüfen«, »Prüfen« und »Untersuchen« verschieden ausgelegt werden. Eine gute Hilfe für eine einheitliche Auslegung dieser drei Begriffe bietet die VDE-Bestimmung *0105 Teil 11/2.72.*

Betrieb:
Betrieb einer Anlage umfaßt das Bedienen, Benutzen und Arbeiten *(VDE 0105 Teil 1/5.75 teilweise).*

Betreiben:
Betreiben umfaßt das Ein- und Ausschalten von elektrischen Betriebsmitteln, wie z. B. Motoren, Heizungen, Beleuchtungsanlagen und deren Betrieb. Es sind also Maßnahmen, die dem für die jeweilige Funktion des Betriebsmittels und der Anlage vorgesehenen Zweck dienen. Der Betreiber ist der für den Betrieb Verantwortliche.

Bedienen:
Bedienen umfaßt das Schalten, Stellen, Steuern u. dgl. Es kann auch durch selbsttätige Einrichtungen geschehen *(VDE 0800 Teil 1/5.70)* [10].

Benutzen:
Benutzen umfaßt den bestimmungsgemäßen Gebrauch der Anlagen.

Instandhalten:
Gesamtheit der Maßnahmen zur Bewahrung und Wiederherstellung des Sollzustandes sowie zur Feststellung und Beurteilung des Istzustandes *(DIN 31 051 Bl. 1)* [11].

Ändern:
Ändern umfaßt Maßnahmen, die im allgemeinen durch die betriebliche oder technische Entwicklung bedingt sind, aber nicht eine Erweiterung darstellen *(VDE 0800 Teil 1/5.70)*.

Wartung:
Maßnahmen zur Bewahrung des Sollzustandes *(DIN 31 051 Bl. 1)* [11].

Inspektion (Überwachung):
Maßnahmen zur Feststellung und Beurteilung des Istzustandes. Sie dient dem Zweck, notwendig werdende Instandhaltungsmaßnahmen frühzeitig zu erkennen, um diese vorbereiten und ausführen zu können. Maßnahmen, die bei der Inspektion durchgeführt werden, sind u. a.»Messen« und»Prüfen«. Die Feststellung und Beurteilung eines bereits eingetretenen und bekannten Schadens ist keine Inspektion *(DIN 31 051 Teil 10)*.

Instandsetzung:
Maßnahmen zur Wiederherstellung des Sollzustandes *(DIN 31 051 Bl. 1)*.

Sollzustand:
Der für den jeweiligen Fall festgelegte (geforderte) Zustand (ordnungsgemäße Zustand) *(DIN 31 051 Bl. 1)*.

Istzustand:
Der in einem gegebenen Zeitpunkt bestehende (tatsächliche) Zustand *(DIN 31 051 Bl. 1)*.

Überprüfen:
Überprüfen umfaßt mindestens eine Inaugenscheinnahme zur Feststellung äußerlich erkennbarer Schäden oder Mängel *(VDE 0105 Teil 11/2.72)* [5].

Prüfen:
Prüfen umfaßt mindestens eine Inaugenscheinnahme zur Feststellung äußerlich erkennbarer Schäden oder Mängel sowie eine genaue Besichtigung einzelner Teile *(VDE 0105 Teil 11/2.72)*.

Untersuchen:
Untersuchen umfaßt mindestens eine eingehende Inaugenscheinnahme, Messungen und Erprobungen *(VDE 0105 Teil 11/2.72).*

Den Zusammenhang zwischen den einzelnen Begriffen zeigt **Bild 1:**

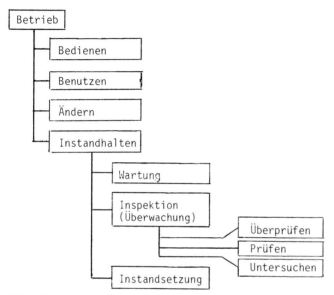

Bild 1. Betrieb von Anlagen. Zusammenhang zwischen den einzelnen Begriffen.

2.2 Durchführung der Betriebsbetreuung

Wie unter Abschnitt 1.5 dargelegt, besteht bei der Betreuung explosionsgeschützter elektrischer Anlagen die Wahl zwischen einer »ständigen Überwachung« oder einer »Prüfung durch eine Fachkraft bzw. durch einen Sachverständigen« im Abstand von maximal drei Jahren.

Wird von der Möglichkeit der »ständigen Überwachung« Gebrauch gemacht, so müssen einige Voraussetzungen erfüllt sein.

Als *ständig überwacht* gelten elektrische Anlagen und Betriebsmittel von Unternehmen, die dauernd Elektrofachkräfte beschäftigen, deren Aufgabenbereich auch die Überwachung und Instandhaltung elektrischer Anlagen und Betriebsmittel umfaßt. Damit wird erreicht, daß offensichtliche Fehler festgestellt und unverzüglich beseitigt werden sowie punktuelle Schwachstellen erkannt werden, die gegebenenfalls zur Änderung gleicher Anlagenteile an anderer Stelle führen können.

Zusätzlich muß die »ständige Überwachung« unter der Leitung eines verantwortlichen Ingenieurs stehen. Die Ergebnisse der »ständigen Überwachung« sind schriftlich festzuhalten. Das empfiehlt sich insbesondere, um im Schadensfall die »ständige Überwachung« nachweisen zu können.
Beschäftigt ein Unternehmen kein eigenes Fachpersonal unter der Leitung eines verantwortlichen Ingenieurs, so müssen die explosionsgeschützten elektrischen Anlagen mindestens alle drei Jahre durch einen Fachkraft bzw. einen Sachverständigen geprüft, oder besser gesagt, untersucht werden. In der Regel wird das ein Sachverständiger sein, zumindest jedoch in VbF-Anlagen. Als Sachverständige gelten hierbei in der Hauptsache die Sachverständigen der technischen Überwachungsorganisationen und gemäß ElexV anerkannte Sachverständige von Unternehmen.

3 Instandhaltung

Das *Instandhalten* ist die Gesamtheit der Maßnahmen zur Bewahrung und Wiederherstellung des Sollzustandes sowie zur Feststellung und Beurteilung des Istzustandes. Sie dienen der Erhaltung der Betriebsfähigkeit von elektrischen Anlagen und Betriebsmitteln. Das Ziel des Instandhaltens ist es demnach, die sogenannte Sollzustandsabweichung klein zu halten, zu verzögern und wieder rückgängig zu machen. Unter Instandhalten fällt das »Warten«, das »Überwachen« und das »Instandsetzen«.

3.1 Wartung

Beim *Warten* werden Maßnahmen durchgeführt, die der Bewahrung des Sollzustandes dienen. Die Maßnahmen beinhalten auch das Erstellen eines für die spezifischen Belange des jeweiligen Betriebes verbindlichen Wartungsplanes, die Vorbereitung der Ausführung, die Durchführung und die Berichterstattung. Typische Wartungsarbeiten sind: das Reinigen, das Konservieren, das Schmieren, das Ergänzen, das Auswechseln und das Nachstellen.

3.1.1 Maßnahmen der Wartung

Reinigung:
Maßnahmen sind das Entfernen von Fremd- und Hilfsstoffen an einer technischen Einrichtung mit dem Ziel, deren Funktionsfähigkeit und/oder Sicherheit und/oder Wert zu bewahren. Das Reinigen erfolgt meist unter ganzer bzw. teilweiser Außerbetriebnahme der technischen Einrichtung.

Konservieren:
Maßnahmen sind das Durchführen von Schutzmaßnahmen gegen Fremdeinflüsse zum Zwecke des Haltbarmachens einer technischen Einrichtung. In der Regel ist dies das Anstreichen.

Schmierung:
Hierbei wird der Schmierstelle bzw. Reibstelle einer technischen Einrichtung geeigneter Schmierstoff zugeführt, um die an dieser Stelle erwünschte, funktionswichtige Gleitfähigkeit zu erhalten, gegebenenfalls mit Unterbrechung der Funktion der technischen Einrichtung, z. B. Ölwechsel oder Fettwechsel etc.

Ergänzen:
Maßnahmen sind das Nach- und Auffüllen von Hilfsstoffen.

Auswechseln:
Hierbei werden Hilfsstoffe und Kleinteile ersetzt.

Nachstellen:
Hierzu zählen die Maßnahmen zur Bewahrung eines technischen Soll-Zustandes einer technischen Einrichtung, sei es in funktionstechnischer oder wertmäßiger Hinsicht. In der Regel wird dies das Nachjustieren von Reglern, Übertragern, Fühlern, Meßwertgebern, Endschaltern, Fotozellen, Kontakten, Potentiometern, Zeitrelais, Schutzrelais usw. sein.
Zum Nachweis der Wartung empfiehlt es sich, einen sogenannten *Wartungsbericht* zu führen (**Anlage 1**). Hierbei werden alle obengenannten Wartungsarbeiten mit Angabe des Anlageteils oder Betriebsmittels vom Ausführenden mit seiner Unterschrift eingetragen. Der verantwortliche Ingenieur quittiert seine Kenntnisnahme in bestimmten Zeitabständen durch seine Unterschrift.

3.2 Überwachung

Das *Überwachen*, die sogenannte *Inspektion*, umfaßt alle Aktivitäten, die darauf ausgerichtet sind, den Istzustand einer elektrischen Anlage zu bestimmen, zu analysieren und zu beurteilen. Diese Maßnahmen erfolgen sowohl bei Betriebsruhe als auch bei laufendem Betrieb.
Das Überwachen dient dem Zweck, notwendig werdende Instandhaltungsmaßnahmen frühzeitig zu erkennen, um diese vorbereiten und ausführen zu können.
Zu den Maßnahmen zählt das Überprüfen, das Prüfen und das Untersuchen.

3.2.1 Erhalten des ordnungsgemäßen Zustandes
Die elektrischen Anlagen sind den Errichtungsbestimmungen entsprechend in einem ordnungsgemäßen Zustand zu erhalten.
Mängel sind, wenn sie eine unmittelbare Gefahr für Personen oder Sachen darstellen, *unverzüglich* zu beseitigen.
Ortsveränderliche elektrische Betriebsmittel sind vom Benutzer vor dem Gebrauch auf äußerlich erkennbare Schäden oder Mängel zu überprüfen. Weisen sie Schäden oder Mängel auf, so dürfen sie nicht benutzt werden.
Geräte, wie z. B. nicht explosionsgeschützte Funksprechgeräte, Taschenrechner usw., die zur Zündquelle werden können, dürfen nicht mitgeführt oder benutzt wer-

Datum	Strom-kreis	Anlageteil Betriebsmittel	durchgeführte Arbeiten	Unterschriften	
				Ausführender	Mstr./Ing.

Elektrotechnische Abteilung
Werk Hoechst

Hoechst

Wartungsbericht der elektrischen Anlagen

Gebäude _____

Betrieb _____

Anlage 1 Wartungsbericht der elektrischen Anlagen

Datum	Strom-kreis	Befund und Bemerkungen	Mangel beseitigt		Unterschriften	
			Datum	Name	Meister/Vertr.	Ingenieur

Elektrotechnische Abteilung
Werk Hoechst

Hoechst

Überwachungsbericht
der elektrischen Anlagen in (Ex)-Betrieben

Gebäude _____   Betrieb _____
Temp.-Kl. _____   Expl.-Gr. _____
Zone _____

Anlage 2 Überwachungsbericht der elektrischen Anlagen in (Ex)-Betrieben

den. Eine Ausnahme bilden Hörgeräte, die in den Zonen 1, 2 und 11 getragen werden dürfen.

Schutzmaßnahmen, von denen der Explosionsschutz abhängt, dürfen nur solange aufgehoben werden, wie sichergestellt ist, daß keine gefährliche explosionsfähige Atmosphäre auftreten kann. Diese Tatsache ist vom verantwortlichen Betriebsführer auf einem »Erlaubnisschein für Arbeiten mit Sicherheitsmaßnahmen« zu bestätigen.

Beim Austritt brennbarer Medien, was durch einen akustischen Alarm signalisiert wird, müssen die Arbeiten sofort eingestellt werden. Vor Aufnahme der Arbeiten müssen alle Beteiligten vom verantwortlichen Vorgesetzten über die Bedeutung des Signals belehrt werden.

3.2.2 Ständige Überwachung

Wie bereits festgestellt, ist die »ständige Überwachung« unter der Leitung eines verantwortlichen Ingenieurs durchzuführen. Dabei kann man die »ständige Überwachung« in drei Phasen gliedern.

a) Die elektrischen Anlagen werden durch eine Fachkraft ständig *überprüft*. Dabei festgestellte Schäden oder Mängel werden behoben, und ihre Behebung wird in ein Formular »Überwachungsbericht« eingetragen (**Anlage 2**).

b) Die elektrischen Anlagen werden durch Meister bzw. Vertreter *in halbjährlichen Abständen geprüft*. Dabei werden jeweils etwa 20 % der Anlage im sinnvollen Wechsel einer genauen Besichtigung unterzogen.

Das Ergebnis wird in das obengenannte Formular »Überwachungsbericht« eingetragen. Falls dabei Mängel festgestellt wurden, so werden diese unter Angabe der Stromkreisbezeichnung o. ä., dem Datum ihrer Behebung und der Unterschrift desjenigen, der die Mängel behoben hat, in das Formular eingetragen. Der verantwortliche Ingenieur unterzeichnet das Formular im Anschluß an die Eintragung des Meisters bzw. Vertreters.

c) Die elektrischen Anlagen werden durch eine Fachkraft untersucht. Diese Untersuchung erfolgt alle drei Jahre. Sie umfaßt im wechselnden Rhythmus etwa 20 % der elektrischen Anlage.

Die Meßergebnisse werden in entsprechende KV- bzw. LV-Belegungslisten eingetragen (**Anlage 3** und **Anlage 4**). Über evtl. festgestellte Mängel wird ein Mängelbericht angefertigt, den der verantwortliche Ingenieur erhält. Dieser veranlaßt umgehend die Beseitigung der festgestellten Mängel.

Die aufgeführten KV- und LV-Belegungslisten enthalten zu etwa zwei Drittel Angaben über den jeweiligen Stromkreis. Sie ersetzen somit auch Zeichnungen über die Verteilung. Die Meßwerte werden mit einem Bleistift eingetragen, um sie bei einer nachfolgenden Messung korrigieren zu können.

Für die Erstellung des Mängelberichtes empfiehlt es sich, zur Arbeitserleichterung ein Formular zu benutzen (**Anlagen 5 bis 8**). Darin sind all die Mängel, die erfahrungsgemäß häufiger vorkommen, bereits vorgezeichnet. Es braucht dann der festgestellte Mangel nur noch im Feld des zugehörigen Stromkreises angekreuzt zu wer-

Kraftverteilung-Belegungsliste KV

Gebäude: _____   Ort: _____   Betrieb: _____

TEL-Betr.-Gr.: _____   Betr.-Führer: _____

Zündgruppe: _____

Meister: _____

Verfasser _____   Datum _____   Blatt _____

Elektrotechnische Abteilung
Werk Hoechst

Hoechst

Stromkreis — Name — Datum — Schaltung — Zeichnung Nr. — Typ — Sicherh.-schalter — Betätig. — Schl.-Mess. — k·IN Sich. — Ik Phase A — max. Sich. A — -PE A — Isol.-Messung — Phase -PE MΩ — Phase -N MΩ — Steuerkreis N-PE MΩ — Phase -PE MΩ — Kabel — Querschnitt mm² — Schaltgeräte — Sich. Elem. — Sich. A — Schütz/MSS Typ — zul. Sich. A — Birelais-Typ Bereich — eingest. A — tA lt. Kurve — tA s — Motor — Typ — P kW — IN A — IA/IN — tE s — Int. Nr. — Res. Mot. Nr. — Schutzart — angetr. Maschine — Ort — Stromkreis

Anlage 3 Kraftverteilung – Belegungsliste

Stromkreis			Leuchten usw.						Leitung	Absicherung		Isol.-Messung			Schleifen-Messg.			Name
Strom-kreis	Raumbezeichnung	Ort	Anz. der Leucht.	Schutz-art	Anz. der Steckd.	Anz. der Trafos	Gesamt-Leistung kW	Anz. Schalt. bzw. Taster	Quer-schnitt mm²	Sich. A	Typ	Phase -N MΩ	Phase -PE MΩ	N- PE MΩ	k · I$_N$ Sich. A	I$_k$ Phase PE A	max. Sich. A	Datum

Lichtverteilung-Belegungsliste LV _____

Gebäude: _____ Ort: _____ Betrieb: _____ Zündgruppe: _____

TEL-Betr.-Gr.: _____ Betr.-Führer: _____ Meister: _____

Elektronische Abteilung
Werk Hoechst
Hoechst

Verfasser
Datum
Blatt

Anlage 4 Lichtverteilung – Belegungsliste

den. Hiermit ergibt sich auch die Möglichkeit einer Klassifizierung durch Wichtung der Mängel.

3.2.3 Untersuchung der elektrischen Anlagen

Die unter Abschnitt 3.2.2 c) angeführte Untersuchung der elektrischen Anlagen läßt sich in folgende Arten der Untersuchung aufgliedern:

a) *Messung des Isolationswiderstandes*

In Stromkreisen elektrischer Anlagen wird durch Messen festgestellt, ob der Isolationswiderstand den für die einzelnen Arten von Anlagen jeweils geforderten Mindestwerten entspricht.

b) *Prüfung der Schutzmaßnahmen*

Es wird geprüft, ob die Schutzmaßnahmen gegen zu hohe Berührungsspannung wirksam sind.

In TN-Netzen wird die Wirksamkeit durch Messung des Schleifenwiderstandes des Stromkreises festgestellt (Kurzschlußstromermittlung).

c) *Kontrolle der thermischen Überstromrelais*

Gemäß VDE sind thermische Überstromrelais daraufhin zu kontrollieren, ob sie richtig eingestellt sind. Werden sie zum Schutz von Motoren in der Zündschutzart (Ex) e bzw. EEx e II eingesetzt, so müssen sie VDE 0171/2.61* § 37 i [7] oder *VDE 0660 Teil 104* Entwurf ...78 entsprechen, wobei die Auslösekennlinie am Betriebsort vorliegen muß. Außerdem ist zu kontrollieren, ob die Auslösezeit, die aus der Auslösekennlinie für das Verhältnis I_A/I_N des zu schützenden Motors zu entnehmen ist, nicht größer als die auf dem Prüfschild des Motors angegebene Erwärmungszeit t_E ist.

Nach Kurzschlüssen an Verbrauchern ist damit zu rechnen, daß das thermische Überstromrelais geschädigt wurde. In diesen Fällen sollte das thermische Überstromrelais ausgewechselt werden.

In bestimmten Fällen kann es bei (Ex)-e- bzw. EEx-e-II-Motoren erforderlich sein, die tatsächliche Auslösezeit zu ermitteln und sie mit der Erwärmungszeit t_E des Motors zu vergleichen.

Infolge Überschreitung der Erwärmungszeit t_E kann es zu einer unkontrollierten Übererwärmung der Wicklung bzw. des Läufers kommen, wobei dann Explosionsgefahr am Betriebsort besteht.

Die in den folgenden Abschnitten 3.2.3.1 a), b), c), d) beschriebenen Untersuchungen werden in der angegebenen Reihenfolge durchgeführt.

3.2.3.1 Durchführung der Untersuchungen

a) Allgemeine Prüfung

● Feststellen, welche Geräte (z. B. Leuchten, Schalter, Taster, Steckdosen, Transformatoren, Abzweigdosen, Betätigungsorgane, Steuerkontakte, Relais, Schütze,

---

* *Anmerkung:* Thermische Überstromrelais nach VDE 0171/2.61 dürfen in bestehenden Anlagen weiterhin betrieben werden. In neu errichteten Anlagen durften sie noch bis 6.80 installiert werden.

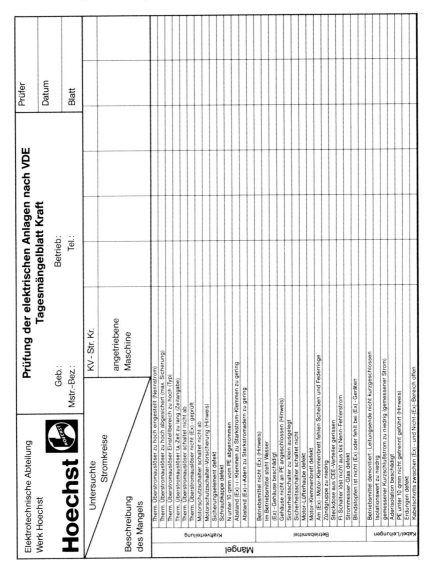

Anlage 5 Prüfung der elektrischen Anlagen nach VDE/Tagesmängelblatt Kraft

Anlage 5 (Fortsetzung)

Teilmängel

Kraftverteilung
- Therm. (Ex)-Überstromauslöser Selbstsperrung aufgehoben
- Gehäuse beschädigt
- Abdeckungen für Sicherungselemente fehlen
- Paßeinsätze fehlen, defekt oder zu groß
- Schutzisolierte Verteilung Montageplatte an PE angeschlossen
- An N-, PE-, PEN-Schiene mehrere Leiter unter einer Klemme
- N-Trennklemmen fehlen in Wechselstromkreisen (ab 1979)
- Stromkreisbezeichnungen fehlen

Betriebsmittel
- Betriebsmittel nicht richtig befestigt (Hinweis)
- Im (Ex)-Betriebsmittel Klemmen lose eingelegt
- Betriebsmittel aus Kunststoff mit Metall-Pg-Verschraubung
- Gehäuse beschädigt oder abgerissen
- Deckelschrauben abgerissen
- Klappdeckel Steckdose fehlt
- Steckdosendrehrichtung falsch
- Blindstopfen fehlt, defekt
- Pg-Verschraubung am Betriebsmittel zu groß (Hinweis)
- Pg-Verschraubung in (Ex)-Betrieben, feuchten Räumen nicht verkittet
- Dichtung defekt oder fehlt
- Kabeleinführung abgebrochen oder lose
- Leitungszugentlastung fehlt
- Unterschiedliche Querschnitte unter einer PE-Klemme
- Stromkreisbezeichnung fehlt

Kabel
- flexible Leiter nicht gegen Aufspleißen geschützt

geringe Mängel

Kraftverteilung
- Mehr als eine Brücke zwischen PE- und N-Schiene
- Verteilung ist Laien zugänglich und ohne Werkzeug zu öffnen
- Stromkreisbezeichnung provisorisch

Betriebsmittel
- Metall-Schutzschlauch, -rohr nicht in Ordnung (Hinweis)
- Metall-Schutzschlauch, -rohr fehlt (Hinweis)
- Interne Motornummer muß erneuert bzw. befestigt werden
- Interne Motornummer ist nur provisorisch geschrieben
- Interne Motornummer fehlt außen
- Interne Motornummer fehlt innen
- Leistungsschild fehlt außen
- Leistungsschild fehlt innen
- (Ex)-Typschild fehlt außen
- (Ex)-Typschild fehlt innen

Kabel
- provisorisch verlegt

Mängel beseitigt durch: Name

am: Datum

nach Erledigung der Mängel zurückerbeten an TEL-Revisionsgruppe

Elektrotechnische Abteilung Werk Hoechst **Hoechst**	**Beiblatt zum Tagesmängelblatt Kraft** Geb.: Betrieb: Mstr.-Bez.: Tel.:	Prüfer Datum Blatt

KV	Str. krs.	Beschreibung des Mangels	Mängel erledigt Name und Datum	Bemerkungen

nach Erledigung der Mängel zurückerbeten an TEL-Revisionsgruppe

Anlage 6 Beiblatt zum Tagesmängelblatt Kraft

Meldeleuchten, Motoren, Magnetventile, Meßumformer, Sicherheitsschalter, Endschalter usw.) zu dem zu prüfenden Stromkreis gehören, ob sie den entsprechenden VDE-Bestimmungen genügen und ob sie keine mechanischen Beschädigungen aufweisen.

● Feststellen, wie die Steuerspannung bereitgestellt wird.
● Den zu prüfenden Stromkreis spannungsfrei machen. Zuerst Sicherungsautomaten ausschalten bzw. Steuersicherungen und dann Kraftsicherungen entfernen bzw. Leistungsschalter ausschalten.
● Sämtliche zum Stromkreis gehörende Geräte öffnen und mit Spannungsprüfer Spannungsfreiheit feststellen.
● Feststellen, ob der Schutzleiter an allen metallenen Gehäusen der Geräte angeschlossen bzw. in schutzisolierten Geräten nur durchgeschaltet ist.
● Prüfen, ob die Leiter farblich richtig gekennzeichnet sind.
● Prüfen, ob alle Leitungseinführungen einwandfrei abgedichtet, unbenutzte Stopfbuchsverschraubungen mit Blindstopfen fest verschlossen sind.

b) Messung des Isolationswiderstandes*)

Bei Lichtstromkreisen:
● In den Leuchten die Glühlampen entfernen, in Leuchten für Leuchtstofflampen den Außenleiter abklemmen. Bei (Ex)-Leuchten erübrigt sich das Abklemmen des Außenleiters, da beim Öffnen der Schalter in der Leuchte allpolig abschaltet.
● Sonstige Stromverbraucher, wie Transformatoren, Relaisspulen usw., vom Außenleiter trennen. Stecker aus den Steckdosen herausziehen.
● Neutralleiter N des zu prüfenden Stromkreises in der Lichtverteilung abklemmen.

Bei Steuerstromkreisen:
● Taster, Schalter, Steuerkontakte usw. der Schütz- bzw. Relaissteuerungen in Ein-Stellung bringen.
● Neutralleiter N des zu prüfenden Steuerstromkreises in der Verteilung abklemmen (Meldeleuchten, Spulen). In nicht geerdeten Steuerstromkreisen Isolations-Überwachungseinrichtung abklemmen.

Bei dreiphasigen Kraftstromkreisen:
● Am Klemmenbrett des Motors oder des entsprechenden Gerätes zwei Außenleiter abklemmen, Stecker aus den Kraftsteckdosen herausziehen.

Bei einphasigen Kraftstromkreisen:
● Neutralleiter N an der Verteilung und Außenleiter am Gerät abklemmen, Stecker aus den Gerätesteckdosen herausziehen.

---

*) *Achtung:* In (Ex)-Bereichen dürfen diese Messungen nur nach Vorliegen des »Erlaubnisscheins für Arbeiten mit Sicherheitsmaßnahmen« durchgeführt werden! (Schweißgenehmigung).

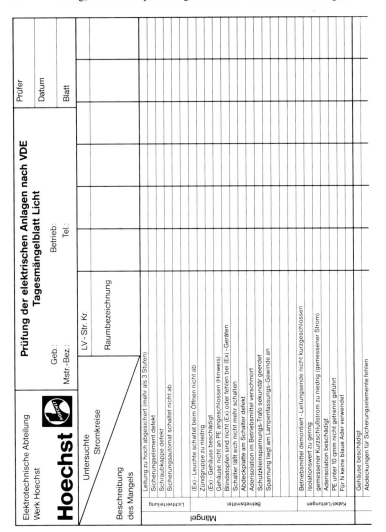

Anlage 7 Prüfung der elektrischen Anlagen nach VDE/Tagesmängelblatt Licht

Teilmängel

Lichtverteilung
- Paßeinsätze fehlen, defekt oder zu groß
- An N-, PE-, PEN-Schiene mehrere Leiter unter einer Klemme
- N von PE-Schiene oder PE von N-Schiene abgenommen
- Mehrere PE unter einer Anschlußschraube ohne Scheibe
- N-Trennklemmen fehlen (ab 1979)
- keine PE-Schiene vorhanden (ab 1965)
- Stromkreisbezeichnungen fehlen

Betriebsmittel
- Betriebsmittel nicht richtig befestigt
- Im (Ex) - Betriebsmittel Klemmen lose eingelegt
- Betriebsmittel aus Kunststoff mit Metall-Pg-Verschraubungen
- Gehäuse, Leuchtenwanne beschädigt
- Deckelschrauben, Wannen-Klammern abgerissen
- Steckdosen-Klapp-/Schraub-Deckel defekt oder fehlt
- Blindstopfen fehlt, defekt
- Pg-Verschraubung in (Ex) - Betrieben, feuchten Räumen nicht verkittet
- Pg-Verschraubung abgebrochen oder lose
- Dichtung defekt oder fehlt
- Klemmenstein, Einsatz defekt
- Leitungszugentlastung fehlt

Kabel
- Stromkreisbezeichnung an Schalter, Steckdose fehlt

geringe Mängel

Lichtverteilung
- Mehr als eine Brücke zwischen PE- und N-Schiene
- Verteilung ist Laien zugänglich und ohne Werkzeug zu öffnen
- Stromkreisbezeichnung provisorisch

Betriebsmittel
- (Ex) - Typschild fehlt

Kabel
- provisorisch verlegt

Mängel beseitigt durch: Name

am: Datum

nach Erledigung der Mängel zurückerbeten an TEL-Revisionsgruppe

Anlage 7 (Fortsetzung)

Elektrotechnische Abteilung Werk Hoechst Hoechst	**Beiblatt zum Tagesmängelblatt Licht** Geb.: Betrieb: Mstr.-Bez.: Tel.:	Prüfer Datum Blatt

LV	Str. krs.	Beschreibung des Mangels	Mängel erledigt Name und Datum	Bemerkungen

nach Erledigung der Mängel zurückerbeten an TEL-Revisionsgruppe

Anlage 8 Beiblatt zum Tagesmängelblatt Licht

Prüfung:

● Mit dem Isolationsmeßgerät die Isolationsmessung an den abgehenden Leitungen des zu prüfenden Stromkreises in der Kraft- bzw. Lichtverteilung durchführen.
● Die Prüfung ist mit Gleichstrom durchzuführen. Die Prüfspannung muß bei Belastung des Meßgerätes mit 1 mA mindestens gleich der Nennspannung der Anlage sein.
● Es sind folgende Messungen durchzuführen, wobei die in der **Tabelle 2** angegebenen Mindestisolationswerte erreicht werden müssen.

Tabelle 2 Mindestisolationswerte von Stromkreisen

Messung	Isolationswiderstand pro Ader	
	in trockenen und feuchten Räumen in MΩ	in nassen Räumen und im Freien in MΩ
380-V-Verbraucheranlagen		
Außenleiter L1 gegen Schutzleiter PE	0,22	0,11
Außenleiter L2 gegen Schutzleiter PE	0,22	0,11
Außenleiter L3 gegen Schutzleiter PE	0,22	0,11
220-V-Verbraucheranlagen		
Außenleiter gegen Neutralleiter N	0,22	0,11
Außenleiter gegen Schutzleiter PE	0,22	0,11
Neutralleiter N gegen Schutzleiter PE	0,22	0,11

Wird bei den Messungen der jeweils angegebene Mindestisolationswert unterschritten, so ist an dem betreffenden Gerät die Leitung abzuklemmen und die Isolationsmessung zu wiederholen. Dadurch wird festgestellt, ob der Mindestisolationswert von der Leitung oder vom Gerät unterschritten wird. Die angegebenen Mindestisolationswerte brauchen nur von der Leitung eingehalten werden.
Für andere Netzspannungen ergeben sich andere Mindestisolationswerte, die wie folgt errechnet werden können:
– bei Leitungen in trockenen und feuchten Räumen: 1000 Ohm/Volt,
– bei Leitungen in nassen Räumen und im Freien: 500 Ohm/Volt.

Bei Lichtstromkreisen:

● Nach Beendigung der Isolationsmessung den Neutralleiter N in der Lichtverteilung und evtl. in den Verbrauchsgeräten wieder anklemmen.
● Alle Schalter bzw. Taster des Stromkreises in Aus-Stellung bringen und die Sicherungen wieder einsetzen. Dabei beachten, daß die offenliegenden Klemmen und Leitungen nicht berührt werden können.

Bei Steuer- und Kraftstromkreisen:
● Nach Beendigung der Isolationsmessung den Neutralleiter N in der Verteilung sowie evtl. abgeklemmte Geräte und die Isolations-Überwachungseinrichtung wieder anklemmen.
● Kraftsicherungen und dann Steuersicherungen wieder einsetzen bzw. Sicherungsautomaten einschalten. Dabei darauf achten, daß die Betätigungsorgane ausgeschaltet sind und offenliegende Klemmen und Leitungen nicht berührt werden können.

c) Schleifenwiderstandsmessung*)

Bei Lichtstromkreisen:
● Schleifenwiderstands-Meßgeräte an Leuchten, Steckdosen, Transformatoren usw. zwischen Außenleiter und abgeklemmtem Schutzleiter des Gerätes anschließen.
● Schalter bzw. Taster des zu prüfenden Stromkreises einschalten, Schleifenwiderstand messen.

Bei Kraftstromkreisen:
● Schleifenwiderstands-Meßgerät am Motor bzw. am Gerät zwischen abgeklemmtem Schutzleiter und nacheinander an den Außenleitern anschließen und bei eingeschaltetem Stromkreis den Schleifenwiderstand messen.
● Aus dem gemessenen oder daraus errechneten Kurzschlußstrom ergibt sich die höchstzulässige Nennstromstärke des vorgeschalteten Überstromschutzorgans unter Berücksichtigung des k-Faktors gemäß *VDE 0100/5.73, § 9*. Der Kurzschlußstrom muß bei flinken und trägen Sicherungen bis 50 A größer als 3,5 × Sicherungsnennstrom sein.
Ab der Sicherungsgröße 63 A muß der Kurzschlußstrom mindestens 5 × Sicherungsnennstrom betragen.
● Nach Beendigung der Schleifenwiderstandsmessung zuerst Sicherungsautomaten ausschalten bzw. Steuersicherungen und dann Kraftsicherungen entfernen bzw. Leistungsschalter ausschalten. Mit dem Spannungsprüfer Spannungsfreiheit feststellen.

Bei Lichtstromkreisen:
● Glühlampen einschrauben, Außenleiter bei Leuchten für Leuchtstofflampen oder bei sonstigen Stromverbrauchern wieder anklemmen, Stecker wieder in die Steckdose stecken.
● Sämtliche Geräte schließen, Verschlußschrauben einfetten.
● Sicherungen einsetzen und durch Einschalten prüfen, ob der Stromkreis wieder betriebsbereit ist.

---

*) *Achtung:* In (Ex)-Betrieben dürfen diese Messungen nur nach Vorliegen des »Erlaubnisscheins für Arbeiten mit Sicherheitsmaßnahmen« durchgeführt werden! (Schweißgenehmigung).

Bei Kraftstromkreisen:
- Außenleiter im Motor-Klemmenkasten bzw. in den Geräten wieder anklemmen. Stecker wieder in die Kraft- bzw. Gerätesteckdosen stecken. Sämtliche Geräte schließen, Verschlußschrauben einfetten.
- Zuerst Kraftsicherungen einsetzen bzw. Leistungsschalter einschalten. Dann Sicherungsautomaten einschalten bzw. Steuersicherungen einsetzen. Funktionsprüfung nach vorheriger Rücksprache mit dem Betriebspersonal durchführen.

d) Kontrolle der thermischen Überstromrelais*)

- Feststellen, ob das thermische Überstromrelais nicht höher als auf Motornennstrom eingestellt und nicht zu hoch abgesichert ist.
- In explosionsgefährdeten Betriebsstätten ist bei thermischen Überstromrelais für Motoren in der Zündschutzart (Ex)-e- bzw. EEx-e-II zu kontrollieren, ob sie VDE 0171/2.61 § 37 i oder VDE 0660 Teil 104 Entwurf 1/...78 entsprechen und ob die Darstellung der Auslösekennlinie am Betriebsort vorliegt.
- Feststellen, ob die Auslösezeit, die aus der Auslösekennlinie für das Verhältnis I_A/I_N des zu schützenden Motors zu entnehmen ist, nicht größer als die auf dem Prüfschild des Motors angegebene Erwärmungszeit t_E ist.
- Um ein wiederholtes Einschalten von (Ex)-e- bzw. EEx-e-II-Motoren in explosionsgefährdeten Betriebsstätten nach dem Ansprechen des thermischen Überstromrelais zu verhindern, müssen diese thermischen Überstromrelais auf Selbstsperrung gestellt sein.
- In explosionsgefährdeten Betriebsstätten kann bei (Ex)-e- bzw. EEx-e-II-Motoren durch Messung nachgeprüft werden, ob die Auslösung vor Erreichen der Erwärmungszeit t_E erfolgt.
- Dazu Steuersicherungen und dann Kraftsicherungen entfernen, mit dem Spannungsprüfer Spannungsfreiheit feststellen.
- Motor mechanisch festbremsen, elektrische Stoppuhr an einen Außenleiter der Motorleitung und an den Neutralleiter N klemmen.
  Kraftsicherungen und dann Steuersicherungen wieder einsetzen.
  Motor einschalten und warten, bis das thermische Überstromrelais abschaltet.
  Die gemessene Zeit darf, bezogen auf eine Ausgangstemperatur des thermischen Überstromrelais von 20 °C, nicht größer als die auf dem Prüfschild des Motors angegebene Erwärmungszeit t_E – bei Berücksichtigung der Toleranz des thermischen Überstromrelais $1,2 \times t_E$ – sein.
  Löst das thermische Überstromrelais nicht aus, so ist nach Erreichen der 1,5fachen Erwärmungszeit t_E abzuschalten, um eine Schädigung des Motors zu vermeiden.
- Steuersicherungen und dann Kraftsicherungen entfernen, mit dem Spannungsprüfer Spannungsfreiheit feststellen.

---

*) *Achtung:* In (Ex)-Betrieben dürfen diese Messungen nur nach Vorliegen des »Erlaubnisscheins für Arbeiten mit Sicherheitsmaßnahmen« durchgeführt werden! (Schweißgenehmigung).

● Mechanische Bremse am Motor entfernen, Stoppuhr wieder abklemmen. Kraft-sicherungen und dann Steuersicherungen wieder einsetzen und Probelauf nach vorheriger Rücksprache mit dem Betriebspersonal durchführen.

● Ist ein Abbremsen des Motors nicht möglich, so kann durch zweipolige Belastung (Zweiphasenlauf) nachgeprüft werden, ob die Auslösung vor Erreichen der Er-wärmungszeit t_E erfolgt.

● Die Methode der Ermittlung der Auslösezeit durch Zweiphasenlauf ist nicht ganz exakt. Die Meßergebnisse hängen stark von der elektrischen und magnetischen Auslegung des Motors ab. Eindeutige Ergebnisse sind deshalb nicht immer mög-lich, einer allgemeinen Prüfung genügen sie aber.

● Bei diesem Verfahren fließt nur der 0,87fache Anzugstrom, so daß für (Ex)-e-Mo-toren in Dreieckschaltung thermische Überstromrelais mit Phasenausfallschutz einzusetzen sind, die eine Auslösung auch bei zweipoliger Belastung innerhalb der Zeit t_E ermöglichen.

● Sind in der Anlage noch thermische Überstromrelais ohne Phasenausfallschutz vorhanden, so darf die gemessene Zeit $1,3 \times 1,2 \, t_E$ betragen, also etwa $1,5 \times t_E$.

● Der Faktor 1,3 ergibt sich dadurch, daß der Motor beim zweiphasigen Anlauf nur das 0,87fache ($\sqrt{3}/2$) des normalen dreiphasigen Anlaufstromes aufnimmt. Da-mit verlängert sich die Auslösezeit um den Faktor $1/0,87^2 \approx 1,3$.

● Löst bei diesen Messungen das thermische Überstromrelais nicht aus, so ist nach Erreichen der zweifachen Erwärmungszeit t_E abzuschalten, um eine Schädigung des Motors zu vermeiden.

3.2.3.2 Prüfung der Gleichspannungsversorgung 24 V für eigensichere Baugrup-pen auf Erdschlußfreiheit

Gemäß VDE 0165/6.80 Abschnitt 6.1.3.3 sind eigensichere Stromkreise im allge-meinen isoliert (erdfrei) zu errichten, Ausnahmen sind zulässig. Wird ein eigensiche-rer Stromkreis erdfrei betrieben, so müssen auftretende Erdschlüsse erkannt und be-hoben werden. Die Erdfreiheit kann durch eine Isolationswiderstandsmessung fest-gestellt werden.

Bei Isolationswiderstandsmessungen in Anlagen wurden Werte von $> 10 \, \text{M}\Omega$ er-mittelt. Deshalb erscheint erfahrungsgemäß eine untere Grenze von $R_{Isol} > 3 \, \text{M}\Omega$ für die Praxis angemessen.

Direkte Isolationswiderstandsmessungen sind in laufenden Anlagen nicht durch-führbar, da man die Spannung nicht jederzeit abschalten kann. Daher wird durch eine Spannungsmessung indirekt ermittelt, ob der zulässige Isolationswiderstand nicht unterschritten wird. Als Spannungsquelle dient die Versorgungsspannung für eigensichere Baugruppen. Zur Spannungsmessung verwendet man zweckmäßiger-weise einen Spannungsmesser mit einem hohen Innenwiderstand.

Die Höhe der gemessenen Spannung ist abhängig von der Größe der Isolationswi-derstände. Sie kann bei einem satten Erdschluß maximal die Höhe der Speisespan-nung annehmen.

Die Spannungswerte werden jeweils zwischen Pluspol und zwischen Minuspol des Netzgerätes gegen Erde gemessen.

3.2.4 Störungssuche und Störungsbeseitigung

a) Wiedereinschalten nach Sicherungsansprechen
Wird in explosionsgefährdeten Betriebsstätten nach einer Sicherungsauslösung in elektrischen Stromkreisen die Sicherung erneuert, darf erst wieder zugeschaltet werden, wenn der »Erlaubnisschein für Arbeiten mit Sicherheitsmaßnahmen« vorliegt.

Begründung:
Gemäß VDE 0105 Teil 9/7.81 Abschnitt 5.2 darf nach einem festgestellten Kurzschluß erst dann eingeschaltet werden:
– wenn der kurzschlußbehaftete Teil der Anlage abgetrennt oder
– der Fehler beseitigt worden ist oder
– wenn sichergestellt ist, daß im explosionsgefährdeten Raum kein explosionsfähiges Gemisch vorhanden ist.
Da bei einer Sicherungsauslösung als Ursache immer ein Kurzschluß in Betracht gezogen werden muß, ist mit einer Funkenbildung an der Kurzschlußstelle beim Einschalten zu rechnen.

Ausnahmen:
Wird vor dem Zuschalten die elektrische Anlage besichtigt und dabei die Ursache der Sicherungsauslösung gefunden und beseitigt, so kann die defekte Sicherung erneuert und ohne Vorliegen des »Erlaubnisscheins für Arbeiten mit Sicherheitsmaßnahmen« wieder zugeschaltet werden.
Ein Hinweis auf den Fehler ergibt sich bei der Besichtigung z. B. durch heißgelaufenes Lager, Verfärbung des Lackes oder des Kunststoffes, Geruch, beschädigte Motorleitung.

b) Wiedereinschalten von (Ex)-e-Motoren nach Ansprechen des Motorschutzes
Wird ein Motor in explosionsgefährdeten Betriebsstätten zwei- oder mehrmals kurz hintereinander durch den thermischen Motorschutz abgeschaltet, so darf die Rückstellung des thermischen Überstromrelais oder des Kaltleiter-Auslösegerätes zum erneuten anschließenden Wiedereinschalten nur erfolgen, wenn der »Erlaubnisschein für Arbeiten mit Sicherheitsmaßnahmen« vorliegt.
Eine mehrmalige, kurz hintereinander folgende Rückstellung sollte jedoch nur erfolgen, wenn im Ausnahmefall zwingende betriebliche Notwendigkeiten vorliegen.

Begründung:
Wird ein durch Überlast abgeschalteter Motor mehrmals kurz hintereinander wieder eingeschaltet, so kann die zulässige Grenztemperatur überschritten werden. Bei diesem Vorgehen kann der Motor zerstört werden!

Ausnahmen:
Bei einer einmaligen Rückstellung des thermischen Überstromrelais oder des Kaltleiter-Auslösegerätes kann unter folgenden Voraussetzungen die Ausstellung des »Erlaubnisscheins für Arbeiten mit Sicherheitsmaßnahmen« entfallen:

Vor Rückstellung des thermischen Überstromrelais oder Kaltleiter-Auslösegerätes ist am Motor oder an der Arbeitsmaschine zu prüfen, ob Schäden erkennbar sind, z. B. ob die Welle blockiert ist.
Nach Rückstellung des Motorschutzes ist gemeinsam mit dem Betriebspersonal zu kontrollieren, ob der Antrieb anläuft. Dies kann entweder durch Einschalten des Motors und Sichtkontrolle des Anlaufs oder durch Beobachtung des Abklingens des Anlaufstromes erfolgen. Falls betrieblich möglich, soll nach erfolgtem Anlauf die Stromaufnahme gemessen werden. Läuft der Motor nicht an, so ist er außer Betrieb zu nehmen und die Beseitigung der Ursache für den Nichtanlauf zu veranlassen. Läuft er unter Überlast, so sind entsprechende Maßnahmen zur Beseitigung der Überlastung zu veranlassen.

c) Spannungs-, Strom- und Leistungsmessungen, Temperaturmessungen
Vor Durchführung der oben genannten Messungen in explosionsgefährdeten Betriebsstätten ist der »Erlaubnisschein für Arbeiten mit Sicherheitsmaßnahmen« einzuholen.

Begründung:
Die z. Z. am Markt erhältlichen Meßgeräte sind in der Regel nicht explosionsgeschützt. Das trifft grundsätzlich für alle Meß- und Prüfgeräte zu, gleichgültig, ob sie eine eigene Spannungsquelle besitzen oder nicht. Dies gilt auch für *Strommeßzangen.*
Eine Funkenbildung kann daher bei diesen Messungen nicht ausgeschlossen werden.

Ausnahmen:
Bei den obengenannten Messungen in den Schalträumen, die in nicht explosionsgefährdeten Bereichen liegen, entfällt die Ausstellung des »Erlaubnisscheins für Arbeiten mit Sicherheitsmaßnahmen«.

d) Durchgangsprüfungen und Widerstandsmessungen
Durchgangsprüfungen und Widerstandsmessungen an Anlageteilen in explosionsgefährdeten Betriebsstätten dürfen nur im spannungslosen Zustand der Anlage bei Vorliegen des »Erlaubnisscheins für Arbeiten mit Sicherheitsmaßnahmen« durchgeführt werden.

Begründung:
Die hauptsächlich im Einsatz befindlichen Durchgangsprüfer und Widerstandsmeßgeräte erfüllen nicht die Bedingungen der Zündschutzart »Eigensicherheit«. Eine Funkenbildung kann deshalb sowohl bei der Durchgangsprüfung als auch bei der Widerstandsmessung nicht ausgeschlossen werden.

Ausnahmen:
Bei Verwendung von (Ex)-geprüften Durchgangsprüfern entfällt die Ausstellung des

»Erlaubnisscheins für Arbeiten mit Sicherheitsmaßnahmen«. Sie sollten jedoch nur zum Ausklingeln von Adern und für Durchgangsprüfungen in der Fernmeldetechnik benutzt werden. Ein anderweitiger Einsatz sollte nicht zugelassen werden, da sie keine ausreichend unterscheidbaren Meßwerte liefern!

3.2.5 *Prüfung von Blitzschutzanlagen*
Wie unter Abschnitt 1.7 beschrieben, müssen auch Blitzschutzanlagen geprüft, oder besser gesagt, untersucht werden. In der Regel wird diese Untersuchung wohl alle drei Jahre vorgenommen werden. Kürzere Abstände können erforderlich werden, wenn die Untersuchungsergebnisse schlecht sind.

a) Allgemeine Prüfung
Prüfen, ob die Blitzschutzanlage in der Auslegung der VDE 0185 entspricht (Anzahl der Auffangeinrichtungen, der Ableitungen, der Erder, der verwendeten Werkstoffe).

b) Auffangeinrichtungen
Durch Inaugenscheinnahme feststellen, ob alle vorgeschriebenen Auffangeinrichtungen vorhanden und in Ordnung sind.

c) Dachleitungen
Durch Inaugenscheinnahme feststellen, ob alle vorgeschriebenen Dachleitungen vorhanden, richtig verlegt und in Ordnung sind.

d) Ableitungen
Durch Inaugenscheinnahme feststellen, ob alle vorgeschriebenen Ableitungen vorhanden, richtig befestigt und in Ordnung sind.

e) Trennstellen, Erdleitung*)
Sämtliche Trennstellen öffnen, und die Erdübergangswiderstände messen und in ein Prüfprotokoll eintragen (**Anlage 9**). Eine Trennstelle wieder schließen und von allen anderen Trennstellen die Verbindung über Dach zu dieser geerdeten Trennstelle messen. Fehler in das Prüfprotokoll eintragen. Sämtliche Trennstellen wieder schließen. Darauf achten, daß alle Anschlüsse gegen Selbstlockern gesichert sind, daß alle Trennstellen richtig bezeichnet sind und daß die Erdeinführungsstange nicht mit einem Rohr geschützt ist. Gesamterdübergangswiderstand der Anlage messen und in das Prüfprotokoll eintragen.

3.2.6 *Prüfung des Potentialausgleichs*
Gemäß VDE 0165/6.80 muß in explosionsgefährdeten Bereichen älterer Anlagen bis zum 31. Mai 1985 u. a. ein Potentialausgleich geschaffen werden, der VDE 0165/6.80 Abschnitt 5.3.3 entspricht.

---

*) *Achtung:* Kann die Prüfung einer Blitzschutzanlage an einem Tag nicht beendet werden, so müssen die bereits geöffneten Trennstellen wieder geschlossen werden. Sie dürfen nicht bis zum nächsten Tag geöffnet bleiben!

Elektrotechnische Abteilung Werk Hoechst **Hoechst** 🅗	**Untersuchungsbericht** **Blitzschutzanlage**	Tag der Untersuchung . . . .

Ort: . . . .   Geb.: . . . . . .

Betrieb: . . . .   (Ex)-Anl.: . . . .

Bodenart: Moor, Humus, Lehm, Sand, Kies, Gestein
Bodenzustand: naß, feucht, trocken

Verwendetes Meßgerät: . . . .   Fabr.Nr.: . . . . . .

Meßergebnisse: Erdungswiderstand Gesamtanlage . . . . . . Ohm

Trennstellen Nr.	Erdungswiderst. Ohm	Trennstellen Nr.	Erdungswiderst. Ohm	Trennstellen Nr.	Erdungswiderst. Ohm	Trennstellen Nr.	Erdungswiderst. Ohm

Befund: 1.) Auffangeinrichtung   2.) Dachleitung   3.) Ableitung
                   4.) Erdleitung und Erdung   5.) Anschlüsse

Anlage in Ordnung: . . . .

Frankfurt-Höchst, den . . . .
                                                 (Unterschrift des Prüfers)

Anlage 9 Untersuchungsbericht Blitzschutzanlage

Zur Prüfung einer explosionsgeschützten elektrischen Anlage gehört auch die Prüfung dieses Potentialausgleichs.
Der richtige Anschluß der Potentialausgleichsleiter kann oftmals durch eine Inaugenscheinnahme festgestellt werden. In Zweifelsfällen empfiehlt sich jedoch eine Messung. Dazu sollte jedoch ein Isolationsmeßgerät mit einer Meßspannung in Höhe der Netzspannung oder mit 500 V Gleichspannung benutzt werden, da Durchgangsprüfer mit ihren kleinen Meßspannungen zu hohe Übergangswiderstände vortäuschen.

3.2.7 Prüfung von elektrostatischen Erdungen

a) Elektrostatische Erdverbindungen
Zur Verlegung und Prüfung der Erdverbindungen sagt die Richtlinie Nr. 4 »Statische Elektrizität« der BG Chemie unter Abschnitt 6.3.1.1 folgendes aus:
»Die Erdverbindung muß mechanisch so widerstandsfähig und korrosionsbeständig sein, daß sie den im Betrieb auftretenden Beanspruchungen gewachsen ist. Die Leiter, die die Verbindung zur Erde herstellen, sind durch Löten, Schweißen oder gesicherte Verschraubungen zu verbinden. Ketten dürfen nicht verwendet werden. Bei Anschluß, insbesondere an Rohrleitungen, ist darauf zu achten, daß die Erdverbindung nicht durch Einbau nichtleitfähiger Zwischenstücke oder bei Reparaturarbeiten unterbrochen wird. Die Erdverbindung ist den betrieblichen Erfordernissen entsprechend durch einen Sachkundigen zu prüfen.«

b) Ableitwiderstand von Fußböden
Auch zum Ableitwiderstand von Fußböden enthält die oben genannte Richtlinie folgenden Passus:
»In explosionsgefährdeten Bereichen der Zonen 0, 1 und 10 darf der Ableitwiderstand des Fußbodens einschließlich Fußbodenbelag, wie z. B. Beton, leitfähiger Terrazzo, Steinholz, leitfähiger Gummi, leitfähiger Kunststoff, den Wert von $10^8 \Omega$ nicht überschreiten. Verschmutzung durch Ölreste, Harze usw. ist zu vermeiden. Beim Verlegen eines Fußbodenbelages aus leitfähigen Kunststoff- oder Gummisorten ist darauf zu achten, daß auch der verwendete Kleber leitfähig ist. Bei nicht ausreichend leitfähiger Unterlage ist gegebenenfalls durch besondere Maßnahmen dafür zu sorgen, daß der Ableitwiderstand unter $10^8 \Omega$ bleibt.«
»Durch ständiges Feuchthalten kann häufig ein Ableitwiderstand kleiner als $10^8 \Omega$ erreicht werden. Durch Auftrag von Fußbodenpflegemitteln kann der Widerstand unzulässig hoch werden.«

Der Ableitwiderstand wird wie folgt definiert und gemessen:
»Der Ableitwiderstand eines Gegenstandes ist der elektrische Widerstand, der zwischen einer an den Gegenstand angelegten Elektrode und Erde gemessen wird. Die Berührungsfläche der Meßelektrode mit dem Gegenstand darf 20 cm^2 nicht übersteigen (Messung in Anlehnung an DIN 51 953 [12], Meßspannung etwa 100 V Gleichspannung, kreisförmige Elektrodenfläche von 20 cm^2). Bei porösen Böden

kann eine trockene Elektrode, z. B. aus leitfähigem Gummi, verwendet werden. Bei nichtleitfähigen Stoffen kann der Ableiterwiderstand stark vom Meßort abhängen.«

c) Messung des Ableitwiderstandes von innenbeschichteten Behältern, TRbF 401/12.81 [2]

Die Beschichtung darf nicht zu Zündgefahren infolge elektrostatischer Aufladungen führen. Der Durchgangswiderstand bzw. Erdableitwiderstand darf $10^8\ \Omega$ nicht überschreiten.

Geprüft wird der Erdableitwiderstand nach DIN 51 953 Abschnitt 5 mit einer Spannung von etwa 100 V als elektrischer Widerstand zwischen einer auf die Beschichtung aufgesetzten kreisförmigen Elektrode von $20\ cm^2$ Meßfläche ohne Schutzring (DIN 53 596 Abschnitt 5.2.1 [13]) und Erde.

Die Beschichtung wird an der zu prüfenden Stelle mit einem trockenen Tuch abgerieben und dort mit einem angefeuchteten Fließpapier (bei gekrümmten Bodenflächen sind hinreichend viele Schichten zum Anpassen zu benutzen) von 50 mm Durchmesser belegt, auf das die Meßelektrode aufgesetzt wird. Es muß an mindestens einer Stelle je m^2 betretbarer Beschichtung gemessen werden.

Bei einer relativen Luftfeuchte von höchstens 50 ± 5 % und einer Temperatur von 23 ± 6 °C während der letzten 24 Stunden in der Umgebung der Meßstelle darf der Wert des Erdableitwiderstandes $10^8\ \Omega$ nicht überschreiten.

Abweichend von Absatz 3 kann der elektrische Durchgangswiderstand an zwei Prüftafeln gemessen werden, die bei der Beschichtung des Tanks mitbeschichtet wurden.

Bei unbekannten Werten von Temperatur und relativer Luftfeuchte darf ein Erdableitwiderstand von $10^6\ \Omega$ nicht überschritten werden, oder der gemessene Erdableitwiderstand muß bei festgestellter Temperatur der Oberfläche der Innenbeschichtung unterhalb des Wertes liegen, der für den Beschichtungsstoff in der dazugehörigen Meßkurve als der oberste Grenzwert der Temperatur festgelegt ist.

Die erste wiederkehrende Prüfung ist ein Jahr nach Inbetriebnahme, die folgenden Prüfungen sind im Abstand von jeweils fünf Jahren vorzunehmen.

d) Leitfähige Fußbekleidung, Kleidung, Schutzhandschuhe

Dazu sagt die *Richtlinie Nr. 4* »Statische Elektrizität« folgendes aus:

»Schuhe können Aufladungen im allgemeinen ausreichend schnell ableiten, wenn der Widerstand im Normalklima 23/50 zwischen einer Elektrode im Inneren der Fußbekleidung und einer äußeren Elektrode kleiner als $10^8\ \Omega$ ist (Messen des Durchgangswiderstandes, siehe DIN 4843 Teil 1, Abschnitt 3.5 [14]). Solche Schuhe bieten einen ausreichenden Schutz, wenn der Ableitwiderstand des Fußbodens den Forderungen von 6.4 genügt. Durch Strümpfe wird der Ableitwiderstand in der Regel nicht unzulässig erhöht.«

»Im allgemeinen können durch das Tragen von handelsüblicher Kleidung keine zündfähigen Entladungen verursacht werden, wenn die Personen leitfähige Fußbekleidung gemäß 6.5.1 tragen und der Ableitwiderstand des Fußbodens der Forderung von 6.4 genügt. In besonderen Fällen (z. B. in explosivstoffgefährdeten Betrie-

ben, Aufenthalt in Zone 0) ist Kleidung zu tragen, deren Eigenschaften 3.2.1 entsprechen (medizinisch genutzte Räume siehe 7.4.2).«
»Gegebenenfalls ist die Kleidung nach jeder Wäsche wieder antistatisch auszurüsten oder eine andere der in 7.1.1.1 und 7.1.1.2 genannten Maßnahmen zu ergreifen. Das Ausziehen von Kleidungsstücken kann zu zündfähigen Entladungen führen und ist deshalb in Zone 0 und 1 zu vermeiden«.
»In Bereichen der Zone 1, in denen das Tragen von Schutzhelmen erforderlich ist, sollten die Schutzhelme auch dann getragen werden, wenn nur solche aus aufladbaren Stoffen verfügbar sind, da die Wahrscheinlichkeit einer Entzündung durch Entladungen statischer Elektrizität in diesem Fall gering einzuschätzen ist. In Zone 0 sollten jedoch Schutzhelme aus nichtaufladbarem Werkstoff verwendet werden.«
»Werden in Zone 0 und 1 leitfähige Handschuhe benutzt, so können Zündgefahren auftreten, wenn ein durch den Handschuh isolierter leitfähiger Gegenstand aufgeladen wird. Daher sollte in diesen Fällen der Durchgangswiderstand von Schutzhandschuhen, gemessen nach DIN 4843 Teil 1, Abschnitte 4 und 5, kleiner als 10^8 Ω sein.«

3.3 Instandsetzung

Das Instandsetzen, das sogenannte Reparieren, beinhaltet alle Maßnahmen zur Wiederherstellung des Sollzustandes, wie z. B. das Ausbessern (Instandsetzen durch Bearbeiten) und das Austauschen (Instandsetzen durch Ersetzen).
Das Instandsetzen erfolgt in der Regel während des Betriebsstillstandes.

3.3.1 Austausch von Betriebsmitteln

Arbeiten an elektrischen Anlagen und Betriebsmitteln dürfen nur dann ausgeführt werden, wenn der »Erlaubnisschein für Arbeiten mit Sicherheitsmaßnahmen« vorliegt.
Beim Austausch von elektrischen Betriebsmitteln ist auf den bestimmungsgemäßen Einsatz bezüglich *Temperaturklasse, Explosionsklasse* und entsprechende *(Ex)-Zone* zu achten. Konformitätsbescheinigungen bzw. PTB-Prüfungsscheine und die Bauartzulassung müssen vorliegen.
Lampen dürfen nur unter folgenden Bedingungen ausgewechselt werden:
Bei *ortsfesten* Leuchten, wenn
– in Zone 0 Außen- *und* Neutralleiter ausgeschaltet sind,
– in Zone 1 mindestens der/die Außenleiter ausgeschaltet ist/sind.

Bei *ortsveränderlichen* Leuchten:
– nur außerhalb des explosionsgefährdeten Bereichs.

Beim Auswechseln dürfen nur Lampen verwendet werden, die nach Leistung und Typ den Aufschriften der Leuchten entsprechen.
Bei Leuchten der Schutzart »Erhöhte Sicherheit« dürfen beim Auswechseln von All-

gebrauchslampen nur solche mit dem Kennzeichen $\bar{V}$, beim Auswechseln von Sonderlampen nur solche mit Kenn-Nummern verwendet werden, die auf dem Leistungsschild der Leuchten angegeben sind. Eine Ausnahme bilden Kleinspannungslampen für 24 V und 42 V, für die es keine Hersteller, die diese gemäß DIN 49 810 Teil 4 und Teil 5 fertigen, am Markt mehr gibt. Die am Markt erhältlichen Kleinspannungslampen für (Ex)-e-Leuchten entsprechen zwar der DIN 49 810 Teil 4 und 5 tragen aber nicht das Kennzeichen $\bar{V}$.

Beim Auswechseln der *Glühlampen* von Hand- oder Hohlraumleuchten dürfen nur Glühlampen für Spannungen bis 50 V oder bei höheren Spannungen nur als stoßfest gekennzeichnete Glühlampen verwendet werden.

In Bereichen mit Explosionsgefahr durch Stoffe der Explosionsgruppe II C (Explosionsklasse 3), z. B. Acetylen, in denen bei Lampenbruch eine Zündgefahr schon im spannungslosen Zustand besteht, dürfen *Leuchtstofflampen* nur ausgewechselt werden, wenn sichergestellt ist, daß für die Dauer des Wechselns sowie des Transportes der Lampen keine Explosionsgefahr besteht, es sei denn, daß durch andere Maßnahmen ein gefahrloses Auswechseln und gefahrloser Transport sichergestellt ist.

Kabelhandleuchten, bei denen der Aufhängehaken als sogenannter »Sollbruchhaken« ausgebildet ist, dürfen nicht durch *Verstärken* oder *Unwirksammachen* des Sollbruchhakens verändert werden.

Bei *Kabelkanälen* und *Durchführungsöffnungen* muß nach *Abschluß von Arbeiten* besonders darauf geachtet werden, daß
– Kabelkanäle wieder mit Sand gefüllt oder gut belüftet und in beiden Fällen entwässert sind,
– Durchführungsöffnungen von Kabeln und Leitungen zu nichtexplosionsgefährdeten Bereichen wieder dicht verschlossen sind,
– nicht benutzte Kabel- und Leitungseinführungen an elektrischen Betriebsmitteln zuverlässig und gegen Selbstlockern gesichert verschlossen sind,
– die Verschraubungen von Kabeln und/oder Leitungen dicht sind und der Anschluß von Leitungen durch Trompetenverschraubungen erfolgt ist.

3.3.2 Instandsetzung von Betriebsmitteln
Instandgesetzte elektrische Betriebsmittel dürfen nur dann wieder in Betrieb genommen werden, wenn sie von einem anerkannten Sachverständigen nach § 15 der ElexV geprüft wurden und die Prüfung bescheinigt ist, es sei denn, daß der Explosionsschutz von der Instandsetzung nicht betroffen war. Betrifft die Instandsetzung den Explosionsschutz, so sind nur Original-Ersatzteile zu benutzen.
Behelfsmäßige Instandsetzungen, bei denen der Explosionsschutz des Betriebsmittels nicht mehr gewährleistet ist, sind nicht zulässig.
Um dem Instandsetzer sowie auch dem Sachverständigen eine Entscheidungshilfe an die Hand zu geben, ob bei einer Instandsetzung der Explosionsschutz betroffen wurde, enthält die folgende **Tabelle 3** einige typische Instandsetzungs- bzw. Änderungsarbeiten und den Hinweis, ob eine Prüfung durch einen Sachverständigen erforderlich ist.

Tabelle 3 Beurteilung von Instandsetzungsarbeiten im Hinblick darauf, ob der Explosionsschutz davon betroffen wurde

Art der Tätigkeit	Prüfung durch Sachverständigen
Gehäuse	
Ölkapselung »o«	
Austausch von inneren Schalteinsätzen gegen Originalersatzteile	nicht erforderlich
druckfeste Kapselung »d« Austausch innerer Geräte gemäß PTB-Prüfungsschein	nicht erforderlich
Austausch druckfester Durchführungen von Schaltwellen u. ä. gegen Originalersatzteile	nach § 9 ElexV
Austausch druckdichter Leitungsdurchführungen zwischen druckfestem Raum und Anschlußraum in Schutzart »erhöhter Sicherheit« gegen Originalersatzteile	nach § 9 ElexV
Bearbeitung von Spaltflächen bei Einhaltung der Sollspaltabmessungen	nach § 9 ElexV
Einbau von Geräten, die *nicht* im PTB-Prüfungsschein vermerkt sind	nach § 10 ElexV
erhöhte Sicherheit »e«	
Einbau oder Austausch von Klemmen gemäß PTB-Prüfungsschein	nicht erforderlich
Einbau von Klemmen, die *nicht* im PTB-Prüfungsschein vermerkt sind	nach § 10 ElexV
Ausbau von Klemmen	nicht erforderlich
Bohren von Löchern für PG-Verschraubungen nach Vorschrift des Herstellers	nicht erforderlich
Austausch von Deckelschrauben und Dichtungen	nicht erforderlich
Auswechseln von baumustergeprüften Geräten	nicht erforderlich

Tabelle 3   Fortsetzung

Art der Tätigkeit	Prüfung durch Sachverständigen
Zusammenbau PTB-teilbescheinigter Betriebsmittel zu einer Verteilung	nach § 10 ElexV
Auswechseln oder Einbau nicht baumustergeprüfter Geräte	nach § 10 ElexV
Zusätzlicher Einbau baumustergeprüfter Geräte	nach § 10 ElexV
Austausch von Glüh- und Glimmlampen gegen gleiche zugelassene Typen	nicht erforderlich

Leuchten

erhöhte Sicherheit »e«

Austausch der Wanne oder des Schutzglases bei Verwendung von Originalersatzteilen	nicht erforderlich
Austausch baumusterbescheinigter Lampenfassungen und Verriegelungsschalter	nicht erforderlich
Austausch von Glühlampen oder Leuchtstoffröhren zugelassener Typen	nicht erforderlich
Austausch von Vorschaltgeräten gemäß PTB-Prüfungsschein an gleicher Einbaustelle	nicht erforderlich
Austausch von Vorschaltgeräten, die *nicht* im PTB-Prüfungsschein vermerkt sind	nach § 10 ElexV
Austausch der Innenverdrahtung	nach § 9 ElexV

Motoren

erhöhte Sicherheit »e«

Austausch des Lüfterflügels	nicht erforderlich
Austausch von Lagern	nicht erforderlich

Tabelle 3   Fortsetzung

Art der Tätigkeit	Prüfung durch Sachverständigen
Umwickeln auf eine andere Spannung gemäß PTB-Prüfungsschein	nicht erforderlich
Instandsetzen oder Erneuern einer schadhaften Wicklung	nach § 9 ElexV
Austausch des Klemmenkastens gegen Originalersatzteil	nicht erforderlich
druckfeste Kapselung »d«	
Abdrehen von Kollektoren oder Schleifringen	nicht erforderlich
Austausch von Kohlebürsten oder Bürstenhaltern	nicht erforderlich
Austausch von Lagern	nicht erforderlich
Austausch von Lagerschildern	nach § 9 ElexV
Bearbeitung der Spaltflächen bei Einhaltung der Sollspaltabmessungen	nach § 9 ElexV
Umwickeln auf eine andere Spannung gemäß PTB-Prüfungsschein	nicht erforderlich
Instandsetzen oder Erneuern einer schadhaften Wicklung	nach § 9 ElexV
Austausch druckdichter Leitungsdurchführungen gegen Originalersatzteil	nach § 9 ElexV
Austausch des (Ex)e-Klemmenkastens gegen Originalersatzteil, soweit nicht Bestandteil des druckfesten Motorgehäuses	nicht erforderlich
Austausch des Klemmenbrettes gegen Originalersatzteil	nicht erforderlich
Sonstiges	
Austausch von (Ex)-geprüften thermischen oder anderen Schutzrelais im Nicht-Ex-Bereich, die den Schutz von Geräten im Ex-Bereich gewährleisten müssen.	nicht erforderlich

3.3.3   Umbau, Änderung von Betriebsmitteln

Wird ein explosionsgeschütztes elektrisches Betriebsmittel hinsichtlich eines Teiles, von dem der Explosionsschutz abhängt, umgebaut oder geändert, so ist es als Sonderanfertigung zu behandeln und von einem Sachverständigen nach § 10 der ElexV prüfen und bescheinigen zu lassen. Das trifft auch dann zu, wenn bei einem elektrischen Betriebsmittel Teile ausgewechselt werden, von denen der Explosionsschutz abhängt, die aber keine Baumusterprüfbescheinigung besitzen.

3.3.4   Prüfung instandgesetzter Betriebsmittel

Ist ein elektrisches Betriebsmittel hinsichtlich eines Teiles, von dem der Explosionsschutz abhängt, instandgesetzt worden, so darf es erst wieder in Betrieb genommen werden, nachdem der Sachverständige festgestellt hat, daß es in den für den Explosionsschutz wesentlichen Merkmalen den Anforderungen der ElexV entspricht und nachdem er hierüber eine Bescheinigung erteilt (**Anlage 10** und **Anlage 11**) oder das Betriebsmittel mit einem Prüfzeichen versehen hat.

Wird bei instandgesetzten Betriebsmitteln von der Möglichkeit der Anbringung eines Prüfzeichens am instandgesetzten Betriebsmittel Gebrauch gemacht – in der Regel wird dieses Verfahren nur bei instandgesetzten Elektromotoren zur Anwendung kommen – so soll das Prüfzeichen folgende Angaben enthalten:
– Bezeichnung der ausgeführten Arbeiten (evtl. durch Verwendung von Abkürzungen gemäß VDE 0171),
– Nr. der laufenden Prüfung innerhalb eines Kalenderjahres,
– Datum der Arbeiten (Monat und Jahr)
– Namenskurzzeichen des Sachverständigen.

Die Prüfungen sind in ein Prüfbuch einzutragen.

Über eine Prüfung und das Prüfergebnis kann vom Sachverständigen auch eine Bescheinigung ausgestellt werden.
Die Bescheinigung wird mit einer Prüfnummer versehen, aus der
– die Nummer der laufenden Prüfung innerhalb eines Kalenderjahres,
– das Kalenderjahr und
– das Namenskurzzeichen des Sachverständigen
hervorgehen.

Beispiel: 17/82/Lg

Am Betriebsort der elektrischen Anlage, in der das instandgesetzte, geänderte oder sondergefertigte Betriebsmittel eingesetzt wird, ist eine Kopie der Sachverständigen-Bescheinigung aufzubewahren. Als Betriebsort kommt in der Regel der zugehörige Schaltraum in Betracht.
Das instandgesetzte Betriebsmittel wird hinsichtlich des Explosionsschutzes auf den sicherheitstechnisch einwandfreien Zustand geprüft. Trotz der Sorgfaltspflicht des Instandsetzers kann es erforderlich sein, daß der Sachverständige bereits während

Elektrotechnische Abteilung Werk Hoechst **Hoechst**	SACHVERSTÄNDIGEN-BESCHEINIGUNG Prüfung nach § 9 der ElexV	Prüf-Nr. TEL-Betriebsgruppe Aufstellungsort

Aufgrund des § 9 der "Verordnung über elektrische Anlagen in explosionsgefährdeten Räumen" vom 01.07.1980 wurde geprüft das:

INSTANDGESETZTE ELEKTRISCHE BETRIEBSMITTEL: ....

Prüfungsschein:....................(Ex)-Daten: ....

TECHNISCHE DATEN:

BESCHREIBUNG DER ARBEITEN:

PRÜFUNG:

BEURTEILUNG:
Die für den Explosionsschutz wesentlichen Merkmale des geprüften el. Betriebsmittels stimmen nach Bauart und Ausführung mit den Festlegungen in dem o.g.
Prüfungsschein überein. Gegen die Verwendung des geprüften el. Betriebsmittels
unter Berücksichtigung evtl. nachstehend genannter besonderer Bedingungen bestehen keine Bedenken.

BESONDERE BEDINGUNGEN:

....
der anerkannte Sachverständige

.....Ort.............Datum...........   ....
Behörde, Aktenzeichen, Datum der Ernennungsurk.

Anlage 10 Sachverständigen-Bescheinigung/Prüfung nach § 9 der ElexV

Elektrotechnische Abteilung Werk Hoechst **Hoechst** 🅗	SACHVERSTÄNDIGEN-BESCHEINIGUNG Prüfung nach § 9 der ElexV	Prüf-Nr. TEL-Betriebsgruppe Rep.-Nr.

Aufgrund des § 9 der "Verordnung über elektrische Anlagen in explosionsgefährdeten Räumen" vom 01.07.1980 wurde geprüft der:

INSTANDGESETZTE ELEKTROMOTOR: ....

Prüfungsschein: .... (Ex)-Daten: ....

Elektromotor Fabrikat: .... kW : ....

            Typ : .... Volt : ....

interne Nr.

            Fabr.Nr.: .... Amp. : ....

.... Isol.Kl.: .... I_A/I_N : ....

AUSGEFÜHRTE ARBEITEN: ....

1 elektr. Teile: ....

     Leiter/Nute : .... Ø .... Nuten,Schaltung: ....

     Drahtisolation: ....

     Tränklack : .... Prüfungsschein: ....

2 mech. Teile : ....

PRÜFUNG:

1 Wicklungsprüfung mit 1800 Volt

2 Probelauf ohne Belastung   3 mit festgebremstem Läufer

I_{L1} I_{L2} I_{L3} P I_A/I_N I_A

(Amp) (Amp) (Amp) (kW)   (Amp)

....

BEURTEILUNG:
Die für den Explosionsschutz wesentlichen Merkmale des geprüften Elektromotors stimmen nach Bauart und Ausführung mit den Festlegungen in dem o.g. Prüfungsschein überein. Gegen die Verwendung des geprüften Elektromotors unter Berücksichtigung evtl. nachstehend genannter besonderer Bedingungen bestehen keine Bedenken.

BESONDERE BEDINGUNGEN:

....
                  der anerkannte Sachverständige

..... Ort .... Datum ....   Behörde, Aktenzeichen, Datum der Ernennungsurk.

Anlage 11 Sachverständigen-Bescheinigung/Prüfung nach § 9 der ElexV

der Instandsetzungsarbeiten Prüfungen vornimmt, die später im fertigen Zustand nicht mehr möglich sind.

Die Prüfung erstreckt sich insbesondere auf die Vollständigkeit und die einwandfreie Funktion der vom Explosionsschutz betroffenen instandgesetzten Teile sowie darauf, ob die richtigen Originalersatzteile ordnungsgemäß angebracht wurden. In der Regel wird das komplette Betriebsmittel geprüft.

Bei Motoren kann es zur ordnungsgemäßen Instandsetzung erforderlich sein, vom Hersteller des Motors Unterlagen anzufordern, aus denen die notwendigen Daten, wie z. B. die Wicklungsart, die Schaltung, die Wickeldaten, die Wicklungsisolation, der Wicklungswiderstand, die Spaltabmessungen, die Abstände, die Luft- und Kriechstrecken und die Toleranzen, hervorgehen.

Die Prüfung von neu gewickelten Maschinen umfaßt die Isolationsprüfung, die Windungs- und Wicklungsprüfung nach VDE 0530 sowie den Leerlauf- und den Kurzschlußversuch.

Grundlage für alle Prüfungen ist der entsprechende PTB-Prüfungsschein des zu prüfenden Betriebsmittels.

3.3.5 Prüfung von Sonderanfertigungen

Ist ein elektrisches Betriebsmittel als Sonderanfertigung für einen bestimmten Betrieb hergestellt worden, so darf es erst in Betrieb genommen werden, nachdem der Sachverständige festgestellt hat, daß es den Anforderungen der ElexV entspricht und nachdem er über das Ergebnis dieser Prüfung eine Bescheinigung (**Anlage 12**) erteilt hat.

Werden elektrische Betriebsmittel benötigt, die am Markt in der gewünschten Form nicht erhältlich sind, so können diese Betriebsmittel auch in einer Fachwerkstatt gefertigt werden. Die Prüfung erfolgt dann ebenfalls nach § 10 der ElexV. Das gleiche gilt auch für die Prüfung von Überdruckkapselungen »p«.

Die Sonderschutzart »s« kann von einem Sachverständigen nicht bescheinigt werden.

Das sondergefertigte bzw. geänderte Betriebsmittel wird hinsichtlich des Explosionsschutzes und auf den sicherheitstechnisch einwandfreien Zustand geprüft. Ist eine Prüfung des fertigen Betriebsmittels durch den Sachverständigen nicht ohne weiteres möglich, so muß der Sachverständige schon bei der Planung und der Konstruktion beratend hinzugezogen werden.

Die Prüfung erstreckt sich insbesondere auf die einwandfreie Funktion der vom Explosionsschutz betroffenen Teile, wobei das komplette Betriebsmittel geprüft wird. Liegen die PTB-Teilbescheinigungen für Teile des Betriebsmittels vor, so werden diese in der Sachverständigen-Bescheinigung aufgeführt.

Bei Sonderanfertigungen größerer Einheiten, wie z. B. einer Überdruckkapselung, empfiehlt es sich, nach bestandener Prüfung am Betriebsmittel ein Prüfschild anzubringen, das wie das folgende Muster gestaltet ist (**Bild 2**).

Eine Sonderstellung nimmt die Prüfung der Funktionsfähigkeit der Überwachungseinrichtung von Spaltrohrmotorpumpen ein. Diese Prüfung wird in der ElexV nicht

Elektrotechnische Abteilung Werk Hoechst **Hoechst** [logo]	SACHVERSTÄNDIGEN-BESCHEINIGUNG Prüfung nach § 10 der ElexV	Prüf-Nr.
		TEL-Betriebsgruppe
		Aufstellungsort

Aufgrund des § 10 der "Verordnung über elektrische Anlagen in explosionsgefährdeten Räumen" vom 01.07.1980 wurde geprüft als:

SONDERANFERTIGUNG: ....

auf Explosionsschutz in Zündschutzart: ....

nach VDE: ....Abschnitt: ....

TECHNISCHE DATEN:

PRÜFUNG:

BEURTEILUNG:

BESONDERE BEDINGUNGEN:

KENNZEICHEN: Es wurde ein Prüfschild mit folgendem Kennzeichen am geprüften el.
Betriebsmittel angebracht:

```
┌─────────────────┐
│   /      /      │
└─────────────────┘
```

....
der anerkannte Sachverständige

....
Ort   Datum   Behörde, Aktenzeichen, Datum der Ernennungsurk.

Anlage 12 Sachverständigen-Bescheinigung/Prüfung nach § 10 der ElexV

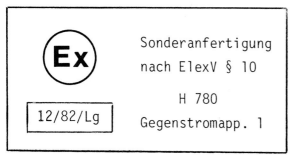

Bild 2. Beispiel eines Prüfschildes für eine Sonderanfertigung

genannt. Da es sich keinesfalls um eine Instandsetzung handelt, bleibt nur eine Prüfung nach § 10 der ElexV übrig.

Die Überwachungseinrichtung besteht in der Regel aus einem Flüssigkeitsstandgeber zur Sicherstellung, daß der Motor nur bei hinreichendem Flüssigkeitsstand betrieben werden kann, und einem Temperaturfühler in Lagernähe des Motors zur Verhütung unzulässiger Temperaturen. Die Überwachungseinrichtung wird in Zündschutzart »Eigensicherheit« ausgeführt.

Vor der Durchführung der Prüfung werden alle technischen Daten aufgenommen, in eine Sachverständigen-Bescheinigung (**Anlage 13**) eingetragen und mit den Angaben im zugehörigen PTB-Prüfungsschein verglichen.

Danach wird eine Funktionsprobe der Überwachungseinrichtung möglichst praxisnah durchgeführt. Liegt die Umgebungstemperatur nicht unter der niedrigsten Einstelltemperatur des Temperaturfühlers, so kann die Funktion des Temperaturfühlers durch Einstellung auf die niedrigste Einstelltemperatur geprüft werden. Anschließend wird der Temperaturfühler auf die im PTB-Prüfungsschein angegebene maximale Motortemperatur eingestellt und mit Sicherungslack arretiert.

Es muß darauf geachtet werden, daß in der Leitung zum Flüssigkeitsstandgeber kein Ventil eingebaut wird. Sollte eine Ventil aus technischen Gründen jedoch erforder-

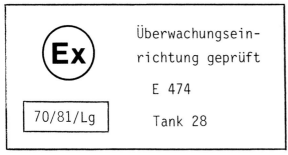

Bild 3. Beispiel eines Prüfschildes für eine geprüfte Überwachungseinrichtung

Elektrotechnische Abteilung Werk Hoechst **Hoechst** 🅗	SACHVERSTÄNDIGEN-BESCHEINIGUNG Prüfung der Überwachungseinrichtungen von Spaltrohrmotorpumpen	Prüf-Nr. TEL-Betriebsgruppe Aufstellungsort

Aufgrund des Prüfungsscheins..........................wurden die Überwachungs-

einrichtungen der Spaltrohrmotorpumpe im Geb./Feld:......}..........................
                                                          (Standort)

KV.............. Geb..............max. Förderguttemperatur...................°C

geprüft.

TECHNISCHE DATEN DER SPALTROHRMOTORPUMPE: interne Motor-Nr. ....

Fabrikat:............... Typ:........................ Fabr.Nr. ....

P= ....kW, U= ,..............V, I= ....A, Isolat.Kl. ....

max. Motortemperatur: ....°C, (Ex)-Daten: ....

TECHNISCHE DATEN DER ÜBERWACHUNGSEINRICHTUNGEN: Typ, Prüfungsschein

Schaltbild Nr. ....

Niveau-Abschaltung: Geber vor Ort ....
                    Prüfungsschein...
                    Verstärker ....
                    Prüfungsschein...
Temp.-Abschaltung: Geber vor Ort ....
                    Prüfungsschein...
                    Verstärker ....
                    Prüfungsschein...

PRÜFUNGEN: Kontrolle d.i.d. Überwachungseinrichtung eingebauten el. Betriebsmittel,
           Kontrolle des Schaltungsaufbaues,
           Kontrolle der vor Ort eingebauten Geber,
           Funktionskontrolle der Abschaltung durch Trockenlauf und Übertemperatur

BEFUND: Die Überwachungseinrichtung arbeitet nicht einwandfrei.
                                                    (nicht Zutreffendes streichen)
BESOND. BEDINGUNGEN: ....
                     ....
                     ....

KENNZEICHEN: Es wurde ein Prüfschild mit folgendem Kennzeichen angebracht:

┌─────────────────────┐
│   /   /   │
└─────────────────────┘

                                       ....
                                        der anerkannte Sachverständige

....
       Ort   Datum   Behörde, Aktenzeichen, Datum der Ernennungsurk.

Anlage 13 Sachverständigen-Bescheinigung/Prüfung der Überwachungseinrichtungen
von Spaltrohrmotorpumpen

lich sein, so sollte unter »Besondere Bedingungen« in der Sachverständigen-Bescheinigung vermerkt werden, in welcher Stellung das Ventil während des Betriebes der Spaltrohrmotorpumpe stehen muß.

Nach bestandener Prüfung wird vor Ort, am Befehlsgeberständer, über dem Stromkreisschild ein Prüfschild angebracht, das wie das Muster in **Bild 3** gestaltet ist. Wenn es für erforderlich gehalten wird, kann ein zweites Prüfschild im Schaltraum am Schaltkasten, der die Überwachungseinrichtung enthält, angebracht werden. Wird beim Wechsel einer Spaltrohrmotorpumpe der Temperaturfühler mit ausgewechselt, so wird eine erneute Prüfung der Überwachungseinrichtung durch einen Sachverständigen notwendig. Wird dagegen der gleiche Temperaturfühler auch bei der neuen Spaltrohrmotorpumpe wieder benutzt, so erübrigt sich eine erneute Prüfung durch einen Sachverständigen.

4   Schrifttum

4.1   Gesetzliche Vorschriften

[1]   Verordnung über elektrische Anlagen in explosionsgefährdeten Räumen *(ElexV)* *vom 27. Februar 1980 (BGBL. 1, S. 214).* Allgemeine Verwaltungsvorschrift zur Verordnung über elektrische Anlagen in explosionsgefährdeten Räumen vom 27. Februar 1980 (BAnz. Nr. 43 vom 1. März 1980)
Steyrer; Birkhahn; Isselhard: Verordnung über elektrische Anlagen in explosionsgefährdeten Räumen, Kommentar. Köln: Carl Heymanns Verlag KG, 1980.
Jeiter; Nöthlichs: Explosionsschutz elektrischer Anlagen, Kommentar zur ElexV. Berlin: Erich-Schmidt-Verlag, 1980

[2]   Verordnung über Anlagen zur Lagerung, Abfüllung und Beförderung brennbarer Flüssigkeiten zu Lande *(VbF)*, vom 27. Februar 1980 (BGBL. 1, S. 229)
Allgemeine Verwaltungsvorschrift zur Verordnung über Anlagen zur Lagerung, Abfüllung und Beförderung brennbarer Flüssigkeiten zu Lande, vom 27. Februar 1980 (BAnz. Nr. 43 vom 1. März 1980)
Technische Regeln für brennbare Flüssigkeiten *(TRbF)*. Köln: Carl Heymanns Verlag KG

[3]   Richtlinie für die Vermeidung der Gefahren durch explosionsfähige Atmosphäre mit Beispielsammlung – Explosionsschutz-Richtlinien – *(EX-RL)*, Januar 1976. Herausgegeben von der Berufsgenossenschaft der chemischen Industrie, Richtlinie Nr. 11. Heidelberg: Druckerei Winter

[4]   Richtlinie für die Vermeidung von Zündgefahren infolge elektrostatischer Aufladungen *(Richtlinie »Statische Elektrizität«)*, April 1980. Herausgegeben von der Berufsgenossenschaft der chemischen Industrie, Richtlinie Nr. 4, Weinheim: Verlag Chemie GmbH

4.2   Technische Bestimmungen

[5]   DIN 57 105 Teil 9/VDE 0105 Teil 9/7.81: Betrieb von Starkstromanlagen, Zusatzfestlegungen für explosionsgefährdete Bereiche
VDE 0105 Teil 11/2.72: Bestimmungen für den Betrieb von Starkstromanlagen, Sonderbestimmungen für den Betrieb von elektrischen Anlagen im Bergbau

[6]   DIN 57 165/VDE 0165/6.80: Errichten elektrischer Anlagen in explosionsgefähr-
        deten Bereichen
        DIN 57 165 A1/VDE 0165 A1/12.80: Errichten elektrischer Anlagen in explo-
        sionsgefährdeten Bereichen, Änderung 1
[7]   VDE 0171/2.61 mit Änderungen d/2.65 und f/1.69: Vorschriften für explosions-
        geschützte elektrische Betriebsmittel
[8]   DIN EN 50 014/VDE 0170/0171 Teil 1/5.78: Elektrische Betriebsmittel für ex-
        plosionsgefährdete Bereiche, Allgemeine Bestimmungen
        Teil 1 A1/9.80: Änderung 1
        DIN EN 50 015/VDE 0170/0171 Teil 2/5.78: Ölkapselung »o«
        Teil 2 A1/9.80: Änderung 1
        DIN EN 50 016/VDE 0170/0171 Teil 3/5.78: Überdruckkapselung »p«
        Teil 3 A1/9.80: Änderung 1
        DIN EN 50 017/VDE 0170/0171 Teil 4/5.78: Sandkapselung »q«
        Teil 4 A1/9.80: Änderung 1
        DIN EN 50 018/VDE 0170/0171 Teil 5/5.78: Druckfeste Kapselung »d«
        Teil 5 A1/9.80: Änderung 1
        DIN EN 50 019/VDE 0170/0171 Teil 6/5.78: Erhöhte Sicherheit »e«
        Teil 6 A1/9.80: Änderung 1
        DIN EN 50 020/VDE 0170/0171 Teil 7/5.78: Eigensicherheit »i«
        Teil 7A1/9.80: Änderung 1
        DIN EN 50 028/VDE 0170/0171 Teil 9/...80 Entwurf 1: Vergußkapselung »m«
        DIN EN 50 039/VDE 0170/0171 Teil 10/4.82: Eigensichere elektrische Systeme »i«
        DIN 57 071 Teil 12/VDE 0170/0171 Teil 12/...82 Entwurf 2: Anforderungen für
        Betriebsmittel der Zone 0
        DIN 57 071 Teil 13/VDE 0170/0171 Teil 13/...82 Entwurf 1: Anforderungen für
        Betriebsmittel der Zone 10
[9]   DIN 57 185 Teil 1/VDE 0185 Teil 1/11.82: Blitzschutzanlagen, Allgemeines für
        das Errichten
        DIN 57 185 Teil 2/VDE 0185 Teil 2/11.82: Errichten besonderer Anlagen.
[10]   VDE 0800 Teil 1/5.70: Bestimmungen für Errichtung und Betrieb von Fernmelde-
        anlagen einschließlich Informationsverarbeitungsanlagen, Allgemeine Bestimmun-
        gen
[11]   DIN 31 051 Teil 1/12.74: Instandhaltung, Begriffe
[12]   DIN 51 953/8.75: Prüfung von organischen Bodenbelägen; Prüfung der Ableitfä-
        higkeit für elektrostatische Ladungen für Bodenbeläge in explosionsgefährdeten
        Räumen
[13]   DIN 53 596/2.74: Prüfung von Elastomeren; Bestimmung des elektrischen Wider-
        standes
[14]   DIN 48 43 Teil 1/10.75: Sicherheitsschuhwerk; Grundausführung, Sicherheitsan-
        forderungen, Prüfung
[15]   DIN 49 810 Teil 4, 5/11.78: Allgebrauchslampen; Lampen für schlagwetter- und
        explosionsgeschützte Hängeleuchten/Handleuchten

4.3 Bücher

[16]   Dreier, H.; Stadler, H.; Engel, U.; Wickboldt, H.: PTB-Prüfregeln, Explosionsge-
        schützte Maschinen der Schutzart »Erhöhte Sicherheit« Ex-e. PTB-Prüfregeln
        Band 3, Braunschweig/Berlin: Physikalisch-Technische Bundesanstalt (Hrsg.),
        1978
[17]   Hasse; Wiesinger: Handbuch für Blitzschutz und Erdung. 2. Aufl., Berlin/Offen-
        bach: VDE-VERLAG GmbH, 1982

[18]   Freytag, H. H.: Handbuch der Raumexplosion. Weinheim: Verlag Chemie, 1965
[19]   Olenik; Wettstein; Rentzsch: BBC-Handbuch für Explosionsschutz. 2. Aufl., Essen: Giradet-Verlag, 1983
[20]   Nabert, K.; Schön, G.: Sicherheitstechnische Kennzahlen. 2. Aufl., Braunschweig: Deutscher Eichverlag
[21]   Busch, H.: Explosionsdrucke von Gas- und Dampf-Luft-Gemischen. Brennstoff-Chemie, 1956
[22]   Maskow, M.: Schlagwetterschutz – Explosionsschutz. Techn. Mitt. BVS, 1962
[23]   Schampel, K.; Steen, H.: Druckbeanspruchung von detonationssicheren Einrichtungen. PTB-Mitt. 92 (1982) H. 1